[美] 库尔特· 绍斯(Kurt Schaus)/ 编　付云伍 / 译

Private Gardens

私家庭院

住宅空间的延伸

广西师范大学出版社
· 桂林 ·
images
Publishing

目录

001 引言

011 案例赏析
012 果园岭私家花园
018 观景花园
024 奥克维尔花园
030 献给朋友的森林花园
036 波罗的海庄园
042 迷人的大自然
050 汉堡哈维斯特胡德的城市别墅
056 弗里多林花园
060 我们的第一个花园
066 猫咪花园
072 乡间别墅
080 格林菲尔德的奥尔德姆花园
086 安妮女王花园
092 萨拉托加山庄花园
098 克鲁尼之家
104 亨德里克 – 伊多 – 阿姆巴赫特别墅花园
112 都兰庭院的私宅
118 迪顿路别墅花园
124 驭马道宅邸
130 伦敦肯伍德的家庭花园
136 法式私家庭院
142 埃斯特花园
150 柯克伍德住宅
158 湖畔私家住宅
164 菲尼的住宅
172 圣伊莱尔山的私家花园
180 藤屋
184 切尔西私家庭院
188 植物园地标花园
196 Pop-up 花园
202 私家花园
206 施莱湾的茅草农庄
214 泛太平洋花园
218 布鲁尔西花园
224 福克西的现代住宅
228 布切维尔的私家花园
234 水道花园

240 索引

库尔特·绍斯（Kurt Schaus）

R. Youngblood 首席设计师

库尔特·绍斯毕业于密歇根州立大学，并获得了景观园艺学位，之后专注于设计工作。自 2005 年加入 R. Youngblood & Co.［由瑞恩·扬布拉德（Ryan Youngblood）创立于 1997 年］以来，库尔特·绍斯使所有其参与的项目的水平都得到了提升。他以将景观规划“概念化”而闻名，使规划与成熟的安装规范相适应。他还擅长克服现场条件造成的困难，并在功能和生活方式上满足客户的愿景。通过对现场、建筑和环境之间关系的深入理解，库尔特可以有效地对项目进行优化，从而获得最理想的结果。他凭借着 30 年的经验以及对园林设计的深层次理解，为公司和客户提供了近乎完美的服务。他的作用和能力使 R. Youngblood & Co. 在园林设计领域屡获殊荣，成为业界的佼佼者。

引言

一般来说，人们会认为私家花园设计是设计师杰出个人能力的表达。在那里，他们可以尽情表达自己的激情，无需顾忌自己在户外创造的宝藏被盗取或者复制。诚然，有一些设计师会以这样的观点看待花园设计，然而花园设计看似非常简单，实际上却是极为复杂的事情。要了解私家花园的发展，就必须接受这样一个事实——没有任何课堂教学或出版物可以解释如何去实现这样的工程。

点燃人们对花园设计的热情是一个漫长的旅程。首先，要研究各种植物和它们所具有的特性，并将其与我们对几何学、数学的深刻理解，以及规模和比例关系的运用结合在一起。同时，还要花费最初的几年时间去学习各种原始功能，并把它们整合在一起，形成工作思路。接下来，要继续形成一种设计风格，从而体现设计师的个性，还要扩展每一处景观视野。这是才华绽放的时刻，也是设计师的风格出现分化之时。一些设计师继续发扬已经形成的个性化风格，并将其发展到极致，他们因此树立了良好的声誉，也满足于已经取得的成就。另一些设计师则展现了景观园林设计领域中更多需要去领会和学习的事物，并开启下一个阶段，去探索景观的哲学世界——可以指导设计师利用多年获得的经验和知识，为客户构建一个花园。

当私家花园呈现出异域风情，并巧妙地将必须采用的元素转化成一个新颖独特的个人环境时，它便可以为花园的主人提供更多的乐趣。任何经过设计构思的空间都可以变成美丽的花园，但是它仍然可能缺乏触动花园主人心灵的能力，而这种能力正是花园的宗旨所在。在购买订婚戒指时，你可能会在珠宝店中选择一个看起来更喜欢的。但是，如果能够拥有一颗珠宝专家精心特制的完美戒指，将是更值得期待和珍藏的。私家花园就是一个可以满足客户私人愿望的空间。设计师的构思就像一块海绵，吸收了他的一切所见所闻，并将其注入花园主人的心灵深处，从而打造一个氛围亲密的个性化空间。

在结构方面，住宅的正面或许是一种最简单的景观表达，但与建筑和环境相结合的设计可以吸引路人的目光。与此形成鲜明对比的是后院，它体现了居住者自身的表达，以及他们的生活态度——他们希望自己的花园可以唤起无尽的回忆，带来无穷的乐趣。这是一个极少向公众展示的空间。实际上，人们在街道上几乎无法看到花园内部的任何活动，因为花园通常会刻意保持它的隐秘性，只供私人使用。在花园里，人们可以开展各类家庭活动和亲友聚会，还可以在花园的户外空间荡秋千、聚餐、欢庆生日、饲养宠物。此外，私家

花园还是一个休憩之地——从看到清晨的第一缕阳光直至迎来黄昏的落日余晖，人们都可以围聚在篝火或池塘的周围进行各种活动。

对花园设计的热情驱使景观设计师们去探寻各种思路和方向，他们也许会走出自己的舒适区，去实现对私家花园的渴望。例如，有时设计师需要思考如何为位于城郊区域的、传统风格的住宅设计私家花园，这对于大多数的设计师来说是经常会碰到的情况。但是当你考虑把同样的住宅安置在密林丛生的山地，或者广阔天空之下的沙漠地带时，就没有那么简单了。通常在这时，如果设计师的个人风格比较符合住宅周围的环境，他们就可以继续完成既定的概念；但如果设计师觉得把住宅建在这样的地方完全就是个错误，他们往往会选择离开。其实这时设计师最需要做的，就是去理解人们为什么会选择在这样的地方安家，之前提到的景观哲学就是需要他们去建立这种关联。设计师面临的最大的挑战就是做出承诺，并理解和把握在任何环境中去实现目标时会发生什么，从而使一个个家园产生归属感。

实现愿景的方法是要将花园同所有预期的参与者紧密地联系在一起。对于头脑中构思的发展，每一个细节都是重要的，都是必须加以考虑的。将庭院的朝向及其对景观视野的影响与花园的层次结构结合在一起，可以最大化地利用空间，同时与周边的环境和谐相融。在私家花园的设计中，还要考虑时间推移所起到的作用，通过风向运动和太阳的轨迹展现出日常的变化，以及从初春至深冬的季节性变化。如果所有这些都能实现，这个花园就不仅适合它的主人，还会成为后人的永恒瑰宝。

私家花园的起源和发展似乎是一个自然的历程，与园林设计师的发展历程相似，纯粹是在需求的驱使下形成的。花园的边界形成了自己的限制区域，将其他人和野兽拒之门外。这些屏障也被用来控制自然的力量，可以阻止洪水的破坏和侵蚀，并起到防风的作用。尽管这种结构框架具有一定的功能性和必要性，但是也导致了一个原本很大的空间看上去更狭小、更封闭。在私家花园的初始发展阶段，人们就以洞察力去掌握能够将这些空间转变成花园环境的创造性方法。花园可以表达当地的文化和地域性美学，这种本土化风格随着时间的流逝会更加光彩夺目；花园还会定义出区域的特色，并为该地区和所处的时代刻下历史性标记。

由于客户的愿望和设计师的影响，将空间开发成一个私家花园的方法开始朝着不同的方向发展。一些人希望可以在某个选定的有利位置观赏和体验整个花园——在一个庄园里看到一个花园的感觉，就如水滴在一池静水中激起的涟漪，这些波纹向池塘的边缘扩散，并与遇到的障碍物产生相互作用。设计一个不破坏花园对称性并提供通行功能的步行道是非常困难的，但是从上方观看，它却将花园的空间连接在一起，形成浑然一体的优美景观。除了功能特性之外，路径还会吸引人们到园中去一探究竟，揭示隐藏在视线之外的奇趣——这些只能在花园的内部才能体验和观赏，因为即使从花园上方的有利位置观看，它依然蒙着神秘的面纱。或者可以将花园视为一段旅程，人们只有沿着曲径游走于其间才能领略到美景。花园的边界形成了花园的背景，只显露出普通的区域，直到旅程结束人们才会在隐秘的地带发现那些令人期待的景观。因此，这段旅程是令人兴奋的，吸引着人们进一步发现可能存在的惊喜。随着目的地的临近，人们的脚步会越来越快，期待的秘境最终浮现于眼前。

此外，还有另外一种方法，是将花园设计看作住宅设计的一部分。花园包括一个入口门厅，所有人在进入住宅之前都必须经过那里，就好像沿着走廊进入一个具有特定功能的空间。花园还包括一系列的池塘空间、娱乐空间以及一个开放的庭院，庭院的一端设有石头壁炉，四周散布着一些桌椅，人们进入之后会感到十分舒适。这种做法模糊了住宅与庭院的界线，鼓励人们享用室外空间。如果忽略所有的理论概念，可能会造就一个人与环境和谐共存的空间，如可以利用面向住宅的石崖，将其作为休闲区域的“背景墙”，或者将巨大的石块变成石凳，将天然的地衣当作地毯。还可以模仿山溪创建一条穿过空间的幽径，在住

宅的周围蜿蜒回转，吸引居住者到户外去，投入大自然的怀抱。通过设计，这种环境会拥有若干有利位置，它们具有不同的视线和焦点。随着花园内不断变化的视角，人们在每个角落都会发现无尽的趣味。

从许多可用的选项中确定如何实现总体构思只是设计过程的开端。当开始设计一个带有前院并需对住宅进行扩展的花园时，要将住宅建筑作为指导。在一个私家花园的有利位置创造露台或庭院，就是利用住宅的建筑特点进行的一种扩建。设计者要观察已经建立的花园空间，还要考虑将视野引向何方，以及需要屏蔽些什么。之后，他们需要考虑的是布局对住宅内部的视野会产生何种影响，还要认识到在不同的季节居住时，这些特点所具有的重要性。私家花园的很多细节设计是在建筑及其应用的驱动下进行的。一栋现代住宅更易于创建出一个边缘不连续的庭院和通向外部的通道，并在常见的细长形状的花坛中种满青草。但是在设计师的干预下，花园布局会沿着他所期望的方向发展：对一个边缘不连续的形状进行简单的改变，就可以将其从一种大胆的当代风格转化成一种简洁的极简主义风格，甚至是传统的对称风格。每种风格都能与住宅建筑和谐相融，但是对细节的调整却可以产生超出预期的效果。

在设计过程中，对材料的选择会对设计的最终结果产生影响。对于带有不连续边缘庭院的当代住宅，要考虑如何使用普通的白色混凝土，使其看上去与多彩的、巨大的不规则石板形成对比效果。此外，地理位置也十分重要，如某一种方法会适合城郊高档住宅，而另一种方法可能需要杂草丛生的天然岩质沙漠景观，并以山脉作为背景。接下来，设计师要考虑的是通过强调和聚焦对景观进行美化和装饰。可以沿着道路运用一些棱角突出的巨大石块，或是点缀坚固的石柱，并在花坛里栽满植物，提供随着季节而变化的色彩。仿古风格的花岗岩路边石可以略微高于路面，突出并扩展不连续边缘的界线。庭院中还可以增加精确切割的长方形大理石饰物，标示出就餐的位置。

当我们试图圆满地达到预期的结果时，考虑细节如何影响花园设计的整体方向是非常重要的。这些影响来自当地的文化、宗教信仰、城市或乡村的位置以及各种历史因素。异域文化也会对此产生进一步的影响，如客户或者设计师来自法国、英国或地中海国家，或是有热带岛屿、热带雨林、冰岛海岸和阿尔卑斯山脉等地的旅行经历，就会影响他们对花园的理解。通过外来文化，设计师可以采取截然不同的方法来实现花园设计构思——只要考虑一下世界各地的花园构造和样式，就会理解这些因素对花园设计和个人诉求的影响是极其广泛的。正是由于这一原因，充满激情的景观设计师在为具有同样热情的客户设计私家花园时，就必须理解和欣赏所有的设计形式，并愿意探索一切可能的方法。只有这样，设计师才能创造出打动花园主人心灵的私人环境，并体验到由此产生的满足感。

设计师将一个个毫不起眼的平面结构转变为理想、宜居的家园。同样的道理，如果设计师做得不好，也会抹杀住宅的美感。实际上，即使是普通人也可以评判一个花园是否优美。如果一个花园建造得极为美丽，所有人都会欣赏它，人们也许并不理解它为何如此美丽，却足以感到赏心悦目，可以尽情享受这种美妙的空间体验。但如果花园存在一些不妥之处，或者构思不当，唯一能够确定的就是这个花园是失败的。要找出花园不够美丽的原因，需要极强的判断力和理解力，以及在户外空间的工作中投入大量时间。一旦原因确定并得以纠正，花园空间就会呈现出勃勃生机的景象，再次博得人们的眼球。

对设计师来说，最重要的是了解花园的设计要满足客户什么样的需求。一些人在漫长的一天工作结束后，需要利用花园空间放松身心，如每天与

病人打交道的医生会希望在那里寻找精神上的抚慰，从而继续第二天的工作；一些人则需要一个空间来增进与亲朋好友的感情。重要的是牢记一点——当花园主人的需求被理解时，整个空间就会呈现出全新的意义，并会增值。每一座私家花园都是为用户的某些愿景而设计的，是对居住者个性的表达。空间的设计和用途要适合居住者的个性和职业。理解这些“幕后”属性可能会增加花园的观赏性，并让大多数人摘掉“眼罩”，使视野更加开阔，看到花园空间所能实现的一切。

总的来说，私家花园为一些人提供了私密的个人空间，而为另一些人创造了开放的娱乐空间。

设计师需要关注花园所处的环境，思考这些环境对设计目标的制约，以及如何利用环境，使其成为设计的优势，突破所有限制，最终创造一个其他任何地方都无法比拟的可用空间。可以说，设计师的工作就是不断确定客户的期望值，并通过创造花园空间实现这些期望值。

如果你发现自己被本书中的一些空间所吸引，并想知道如何在自己的私家花园中实现这些空间，那么我们的愿望就已经实现了。请记住，只要有一个焦点，任何为满足某种愿望而定制的空间都会实现。但如果失去焦点和灵感，将会导致愿景无法实现，并且最终失去设计的热情。每一个符合焦点视界的、大胆的构思，都将提供更多的享受和成就，而不是过多的功能堆砌而成的混乱感受。通过勤奋和时间去获得经验，是最终成为真正出色的花园设计师的唯一途径。在这段设计旅途的终点，等待旅行者的必定是奖励。但是，设计师必须吸取所有的经验，并将其付诸实践。

The Gardens
案例赏析

果园岭私家花园

R. Youngblood & Co.

美国，密歇根州，奥克兰县
8200 平方米
摄影 / Jeff Garland

由于业主多次前往欧洲旅行，因此这个花园具有纯正的欧洲风格。站在主露台上，人们可以看到不规则形状的池塘、规整的黄杨木花坛以及装饰华丽的铸铁藤架。这种景观设计构思旨在让业主时刻想起过去的欧洲之旅，以及那些曾经带给他灵感的花园。

花园的池塘拥有一个“无形的边缘”，溢出的水流倾泻到较低的水槽内。池塘的所有边缘都与青石铺成的露台平齐，露台与水面自然地交融在一起。此外，设计团队还委托当地的金属艺术家设计并制造了铜质火盆、铸铁藤架和大门。花园里种植了一些传统植物，如黄杨木、绣球花、玫瑰和一些多年生植物。由两棵高大的树构成的景观轴线贯穿了整个花园，在这条轴线的中部有一座天使雕像。

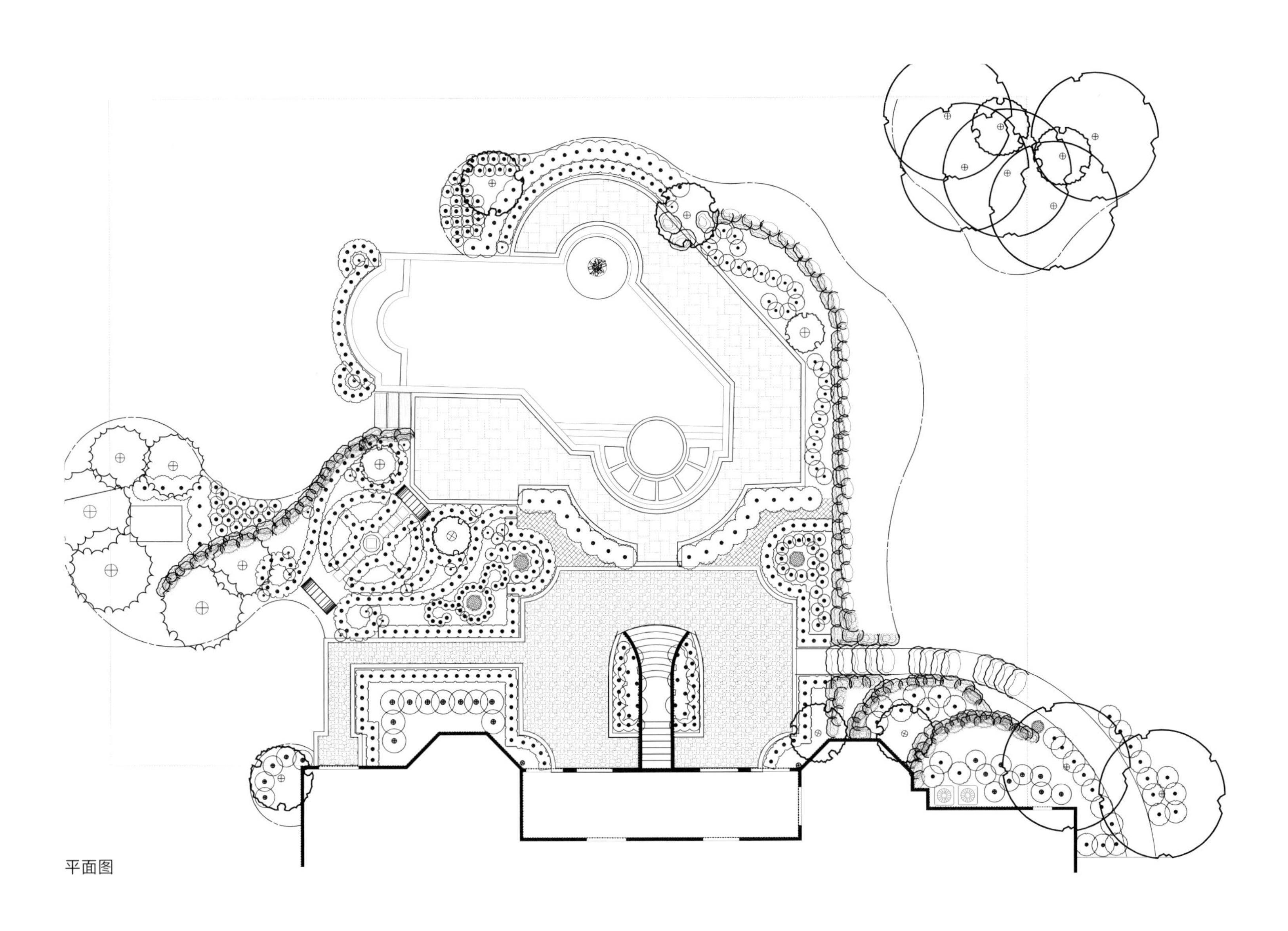

平面图

观景花园

Bahl GmbH

这所住宅位于德国哈姆斯托夫市，业主希望创建一个带有泳池、露天休息室、厨房、就餐区和休息设施的户外休闲区域。设计团队决定以基本的几何造型和统一的植物创造一个独具特色的花园。

在住宅附近，有一些成熟的树木，原有的白桦树和杜鹃花在住宅与花园之间形成了一个完美的过渡区域。紫色、粉色和白色的花朵争芳吐艳，与露台的瓷砖、蓝色的泳池、绿色的草坪和其他植物形成了有趣的对比效果。花园的户外壁炉可以从早晨持续使用到傍晚时分。

德国，哈姆斯托夫市
3000 平方米
规划 / G&B Gartendesign
摄影 / Miquel Tres

总体规划图

奥克维尔花园

Janet Rosenberg & Studio, Glenn Piotrowski Architect Ltd.

加拿大，安大略省，奥克维尔镇
972 平方米
摄影 / Jeff McNeill Photography

由于业主的女儿希望自己的新婚派对能在花园中举行，因此设计师修改了整体进度，项目承包商以熟练的技术快速完成了花园的建造工作。

幸运的是，在安大略南部金马蹄地区的住宅区，原有的一些成熟树木为这里创造了平静安宁的乡村背景。这些生长多年的树木给人一种时间定格的错觉，强化了古典元素的韵味。设计团队重新栽种了很多大型树木，其中包括豆梨和角树。同时，他们还选择了品种众多的灌木和地面植被，如天鹅绒黄杨木、山地紫衫等。当人们向外眺望，可以看到自己所在

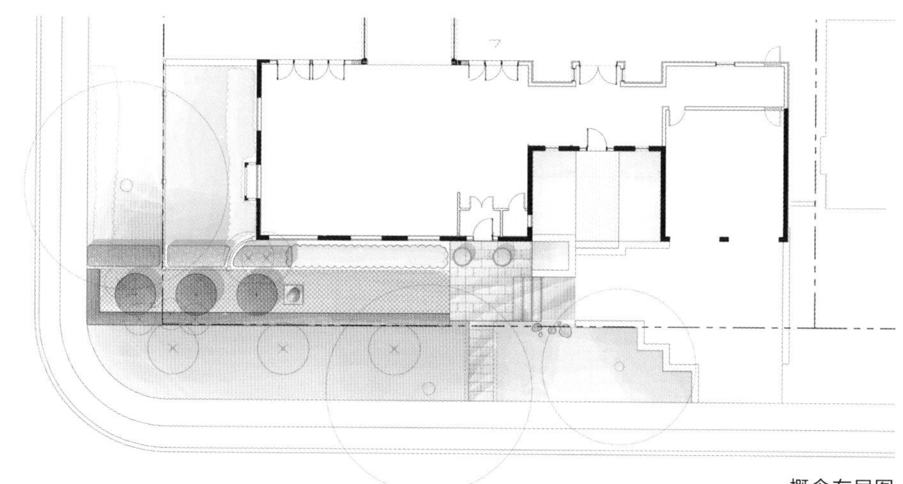

概念布局图

位置与背景之间的多层次景观，它们是由错落有致的元素组合而成的。

同时，沿着住宅外围分布的草坪与露台保持了一定的距离，从而有助于将这个新建的空间定义为花园内的一个特殊区域。

设计团队在篱墙的外围设置了花坛，这一构思为高出地面的花园露台创造了缓冲空间，从而增强了私

密感。人们在园内观看外围的风景和街道时，会感受到这些绿化屏障带来的好处——它们不仅强化了边缘区域的界限，还增强了花园的私密性。

客户一直对倒影池充满了好奇，希望将其作为设计元素。于是团队将石灰石作为倒影池的材料，为室外就餐露台创造了优雅的背景。作为现代艺术的收藏者，这对夫妇在建筑和室内设计方面的造诣也有

助于这个现代化经典寓所的设计。最终，他们选择了约翰 · 麦克尤恩（John McEwen）创作的雕塑作品“瘦骷髅”（*Skinny Skull*）作为花园的中心饰物，为散发着复古气息的露台、种植花坛和倒影池提供了一个至关重要的对照物。

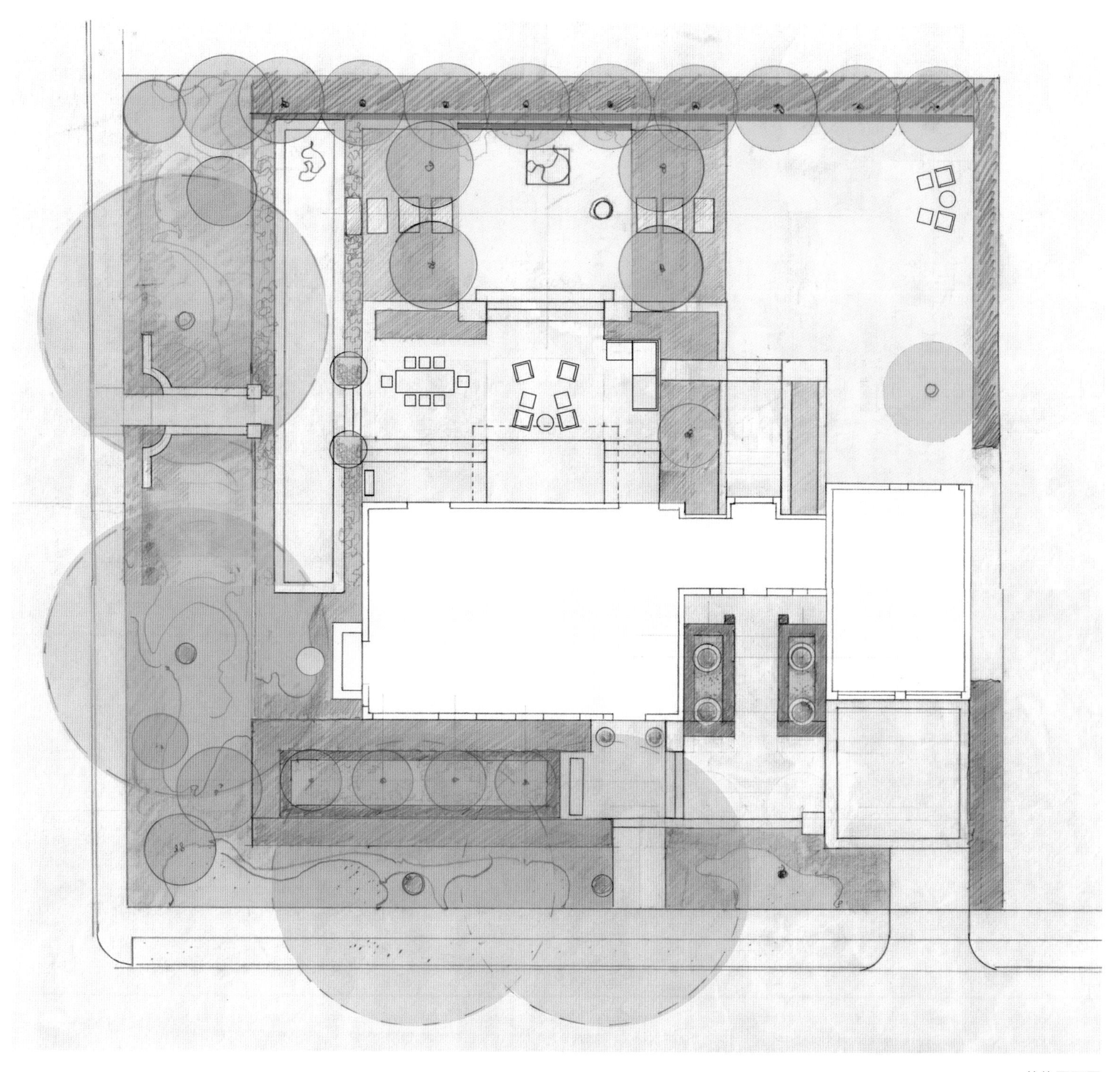

总体平面图

献给朋友的森林花园

Atelier Flera

这个中等规模的花园位于布拉格市郊外，设计师利用花园得天独厚的地理位置让其与周围的自然景观相融。这一概念的应用，使花园看上去面积更大，并投入大自然的怀抱中。

与设计概念密切相关的是花园的两个不同方面——“光与影”。花园的南面保留了幽静的原始森林，主要区域以原始的针叶树木为主，并点缀着美丽的矮灌木花卉。砾石铺成的小径从森林一直通向花园里面，为人们进入这所现代化的木屋提供了通道。植被的维护也完全顺应了周边的自然环境。

设计师不仅充分利用了自然景观的空间潜力，还补充了一些简单的设施——壁炉，以及供儿童玩乐的秋千、跷跷板和沙坑。为了实现自给自足的蔬菜供应，这里还设计并修建了一些专门用来栽菜的花坛。

捷克，布拉格市
930 平方米

摄影 / Atelier Flera

主要的户外生活区域是一个大型露台，这里可以支起一个大罩棚。在原有设计概念的基础上，设计师还增加了一个小型洗手池。用来储藏木材的设施不仅具有功能性，还提高了露台区域的私密性。

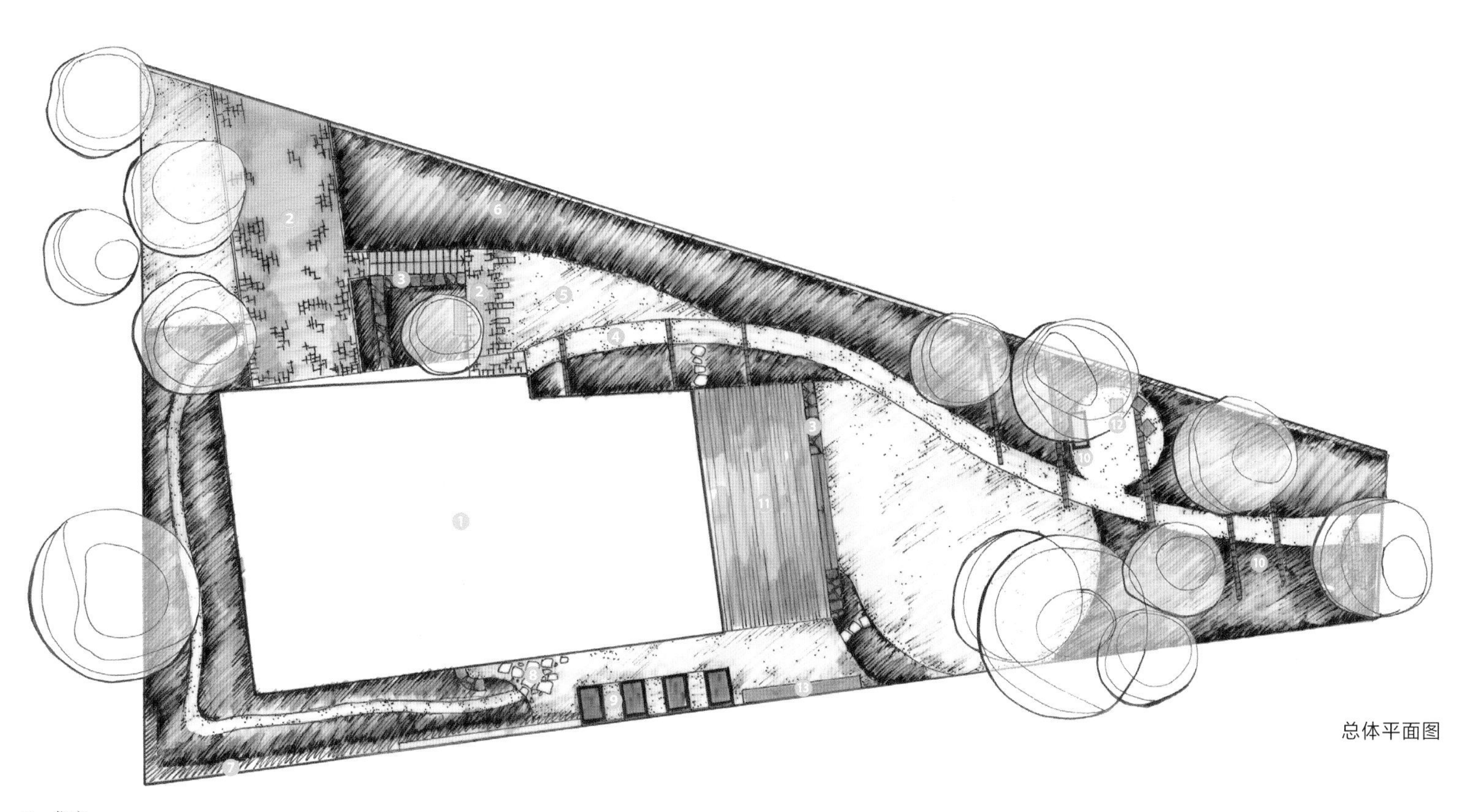

总体平面图

1. 住宅
2. 车道和人行道
3. 干石墙
4. 花岗岩路
5. 草皮
6. 种植区
7. 快干树篱
8. 石踩
9. 蔬菜花坛
10. 盆地
11. 木制露台
12. 篝火区
13. 小木屋

波罗的海庄园

Bahl GmbH

德国，施泰因贝尔格基尔歇市
50 000 平方米

规划 / Sebastian Jensen Hamburg
摄影 / Miquel Tres, Torsten Scherz

在一个经过修复、以茅草屋顶为特色的庭院四周，逐渐出现了一个遍布着自然美景的大型花园区域——这个花园的设计经历了几个阶段，设计团队保留了一些古老的元素，如拥有 150 年树龄的橡树，以及 20 年前修建的菩提树大道，从而形成了宏伟壮观、长达百米的车道。在改造之前，这里是一个长满黄杨树的乡村花园，并已经融入山坡的草地和周围的耕地之中。

业主是一对夫妇，他们希望看到一个经过简化、易于维护的花园，同时还要提供大量的座位，用来接待亲朋好友和举办活动。站在木质平台上，人们可以观赏开阔的湖面风光和毗邻区域的美妙景色。这里的湖水曾经是一片野草丛生的湿地，湖边陡峭的地面以“石墙”形式逐级向下延伸至水边，这也是该地区典型的地貌特色。

广阔的花园拥有众多的区域：水果和草药园、大型休闲区域以及带有青铜像的观赏池塘。原有的艺术品和装饰品也被整合到了设计之中。

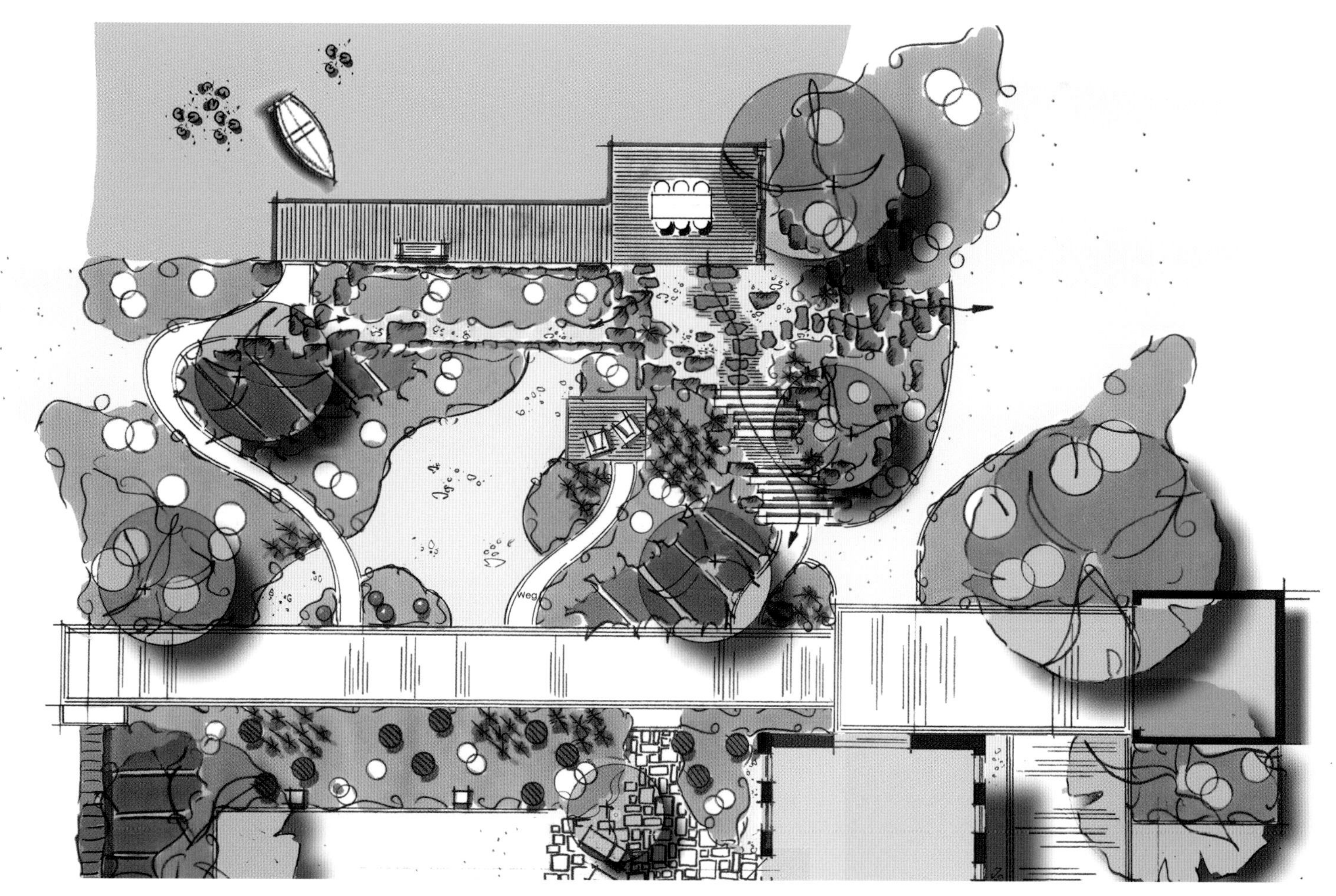

总体平面图

迷人的大自然

Art & Jardins Conception

因为住宅的正前方没有任何草地和树木，所以设计团队必须从头开始，在一片处女地建造一个美丽的庭院。

蜿蜒的小路、低矮的篱墙和庭院本身的布局设计，都十分便于人们直接走进住宅。在美丽的谷底，茂盛的高山植物分布在小径的两边，与散步者相伴。设计团队不仅很好地利用了植物丰富多样的色彩和纹理，还通过这些植物的造型塑造了有趣的空间。

在这个项目中，最令设计师感到自豪的就是清幽的小径和繁茂的植物：他们采用了蜿蜒曲折的花坛造型，这些和谐自然的曲线造型与该地的天然地貌协调一致。最终，设计师创造了一个与自然和谐相融的庭院。

加拿大，布切维尔市
1500 平方米

摄影 / Jean-Claude Hurni

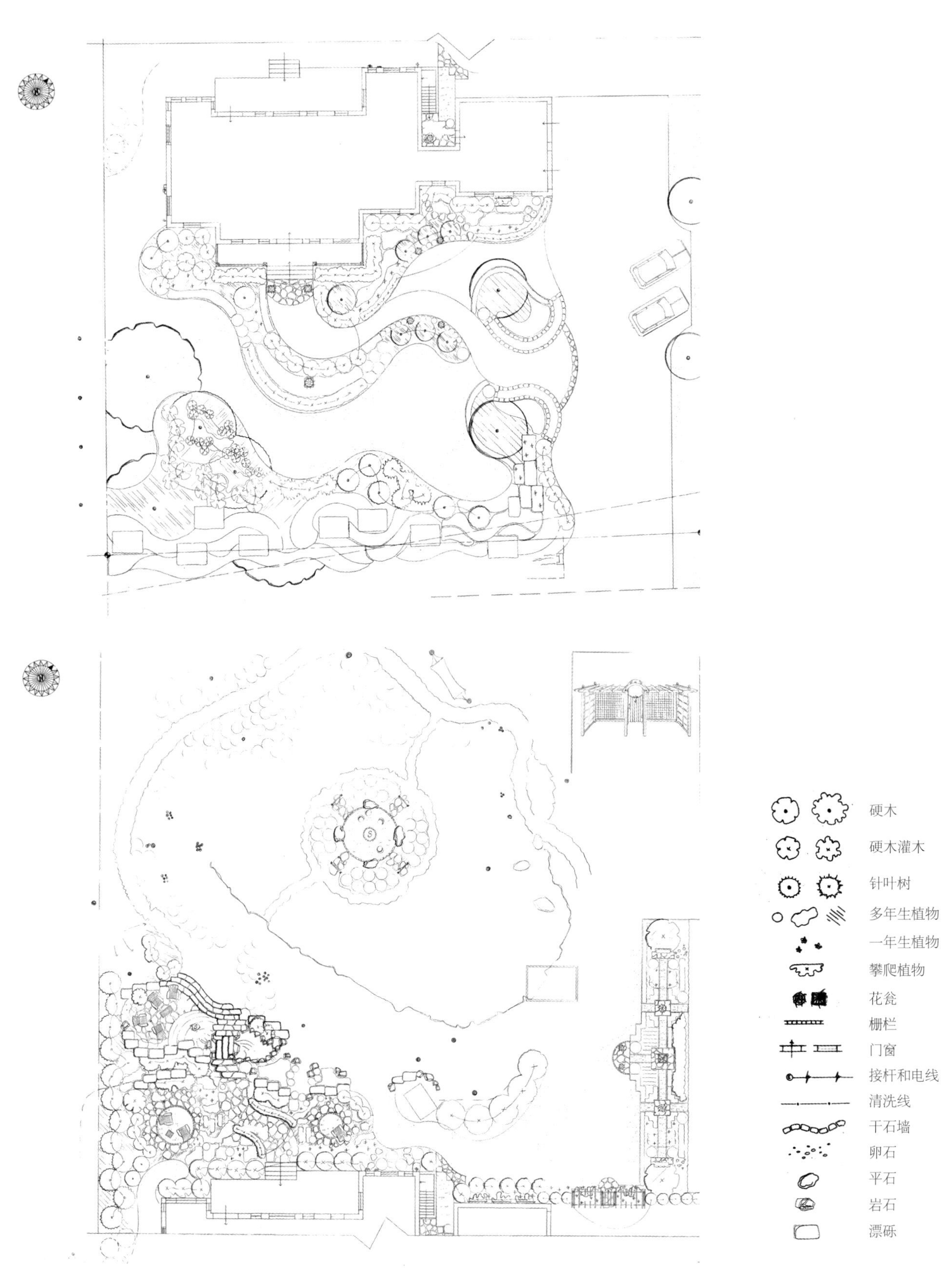

总体平面图

汉堡哈维斯特胡德的城市别墅

Bahl GmbH

德国，汉堡市
400 平方米

规划 / Sebastian Jensen Hamburg
摄影 / Peter Greitzke

这是汉堡市一座古老的别墅，经过翻新后，其花园也需要重新设计。业主希望这是一个具有古典风格和高贵气息的小巧花园。实际上，尽管原来的花园在规模上提供了很多私密的空间，但是在植物的选择和结构布局的清晰性方面还需要改进。

花园内有一块椭圆形的草坪。在一个角落里还有一个木制的茶屋，即使在恶劣的天气条件下，人们也可以享受这片绿意盎然的生活区域。纸皮桦树和糙皮桦树形成了遮蔽邻居视线的屏障，它们的白色树皮在椭圆形紫衫树篱的衬托下格外醒目。

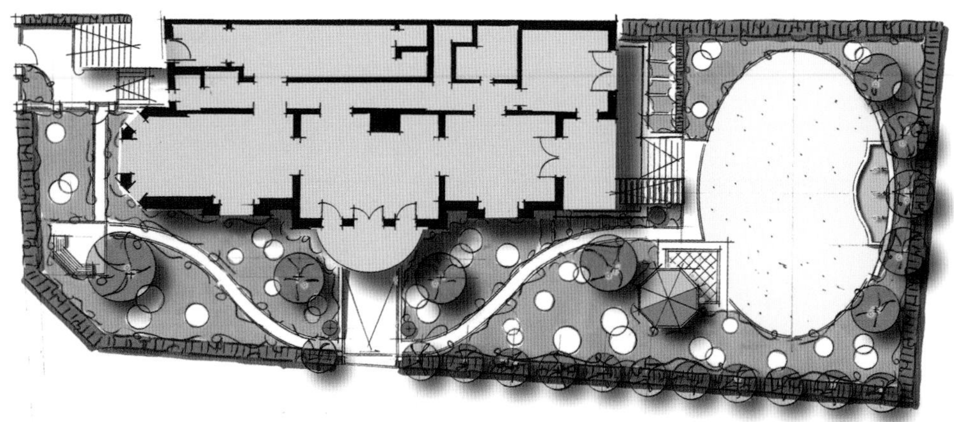

总体平面图

花园内最引人注目的景观是用古老的砂岩建造的水池，这些石材是从法国进口的。水流从两棵古老的云杉之间注入具有三百年历史的水池，潺潺流水溅起水花，抚慰着人们的思绪。在水池两侧的不远处还设置了两座青铜的玫瑰花雕塑。

花园的路径和广场都铺设了玄武岩，与住宅窗口的黑色栏杆形成了一致的色调。住宅的裙房和阶梯都采用了砂岩，突出了整体结构的特性。花园内点缀着白色的绣球、绽放着紫色花朵的杜鹃和一些葱属花卉，在紫衫和黄杨树的衬托下形成了百花争艳的景色。

弗里多林花园

Art & Jardins Conception

加拿大，圣布鲁诺德蒙塔维尔市
440 平方米

摄影 / Jean-Claude Hurni

从一开始，这座住宅由天然石材建造的外立面就备受好评，这些石头的颜色与住宅极其相配，使住宅的魅力更加突出。人们可以沿着简单实用的砾石小径来到一个庭院。在那里，他们可以花些时间休息，或者进入花园放松。在后院的中心位置，有一只色彩丰富、极具趣味的“火烈鸟”。这里还有一个高效的厨房区域和一个迷人的露台，所有这一切都使这里成为一个宜居之地。设计团队提出了一些建议，然后实现了一个美观实用的布局——从住宅的内部可以看到花园的美景。住户既可以独自享受清净的氛围，也可以与亲朋好友在这里小聚。

为了纪念一位古怪的工匠梅纳德·拜伦（Ménard-Biron），客户将这个花园命名为“弗里多林”（Fridolin）。

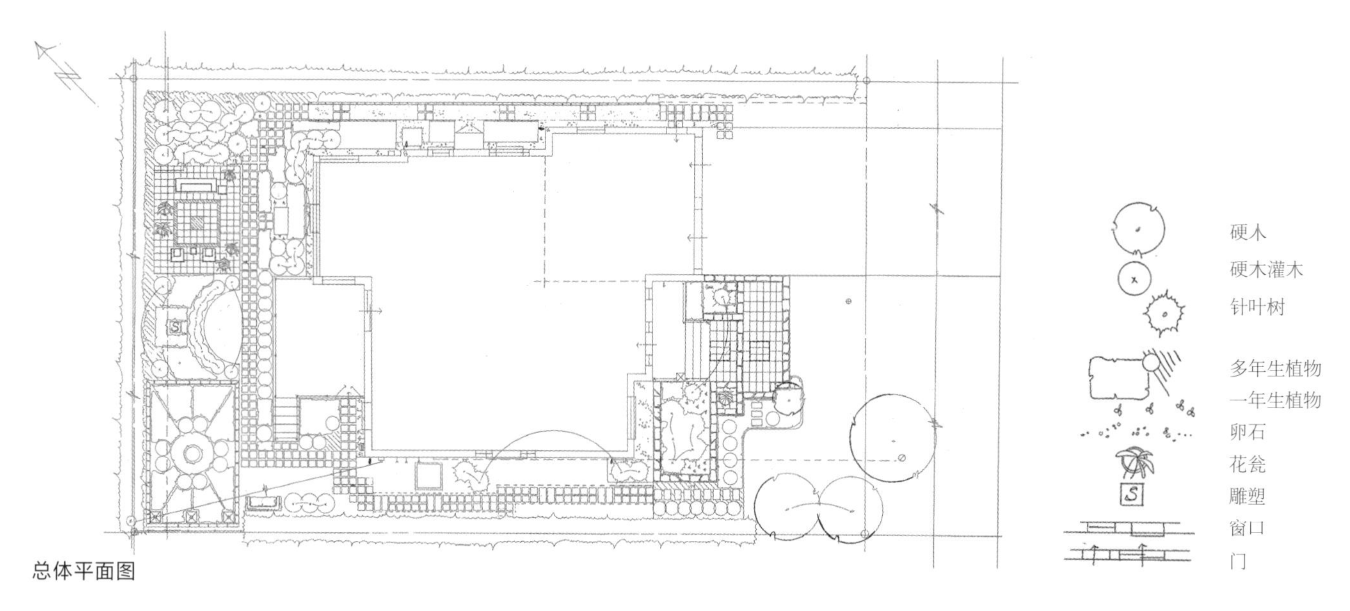

总体平面图

我们的第一个花园

Lotus Design Studio

英国，伦敦市
40 平方米
摄影 / Nilufer Danis & RHS

这个预算只有 7000 英镑的花园是为一对年轻的上班族夫妇设计的，以激励他们对园艺的热爱，同时还可以作为户外空间用于亲朋好友的聚会活动。

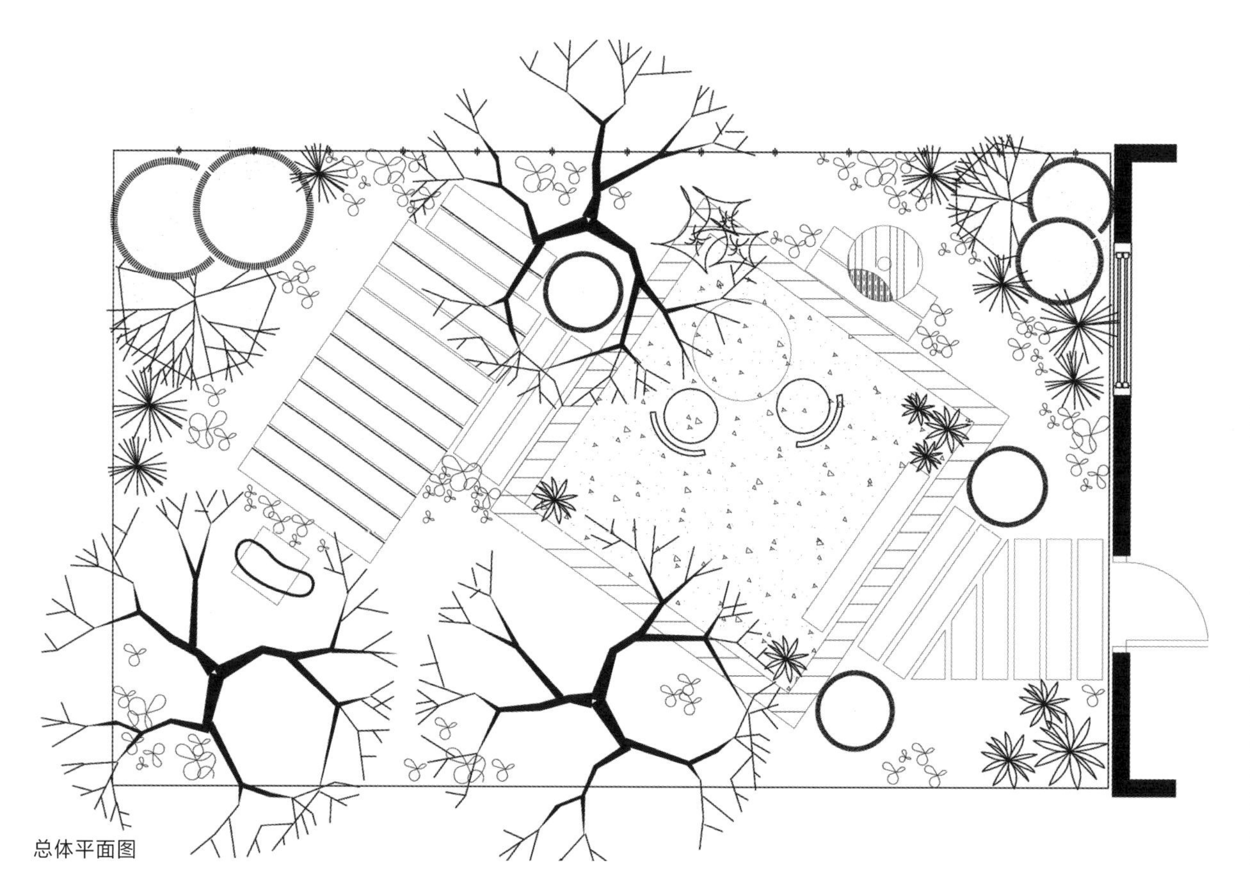

总体平面图

该花园的设计遵循可持续发展和低碳排放的理念。设计师在花园设计的细节处采用了回收的脚手架、陶瓷砂砾，还利用福特 T 型汽车的回收部件制作了一座雕塑。

猫咪花园

Atelier Flera

虽然这对年轻夫妇在“卫星城”（satellite town）建造了一所优雅的现代风格住宅，但是他们仍然渴望与大自然亲密接触。他们希望在花园中不仅可以享受舒适的环境，还能将周围的乡村景色尽收眼底。他们甚至不介意大树的存在，于是设计团队在露台上直接栽种了一棵橡树和一些枫树，为住宅自带的大面积玻璃区域提供了屏障。

整个花园被角树木篱墙所环绕，具有良好的私密性。园内有两块圆形的草坪，北面的草坪被维护得极为精心，而南面的草坪由于很少修剪，令人联想起杂草丛生的天然草地，还有一个蹦床隐藏在那里。

捷克，宁布尔克镇
835 平方米

摄影 / Atelier Flera

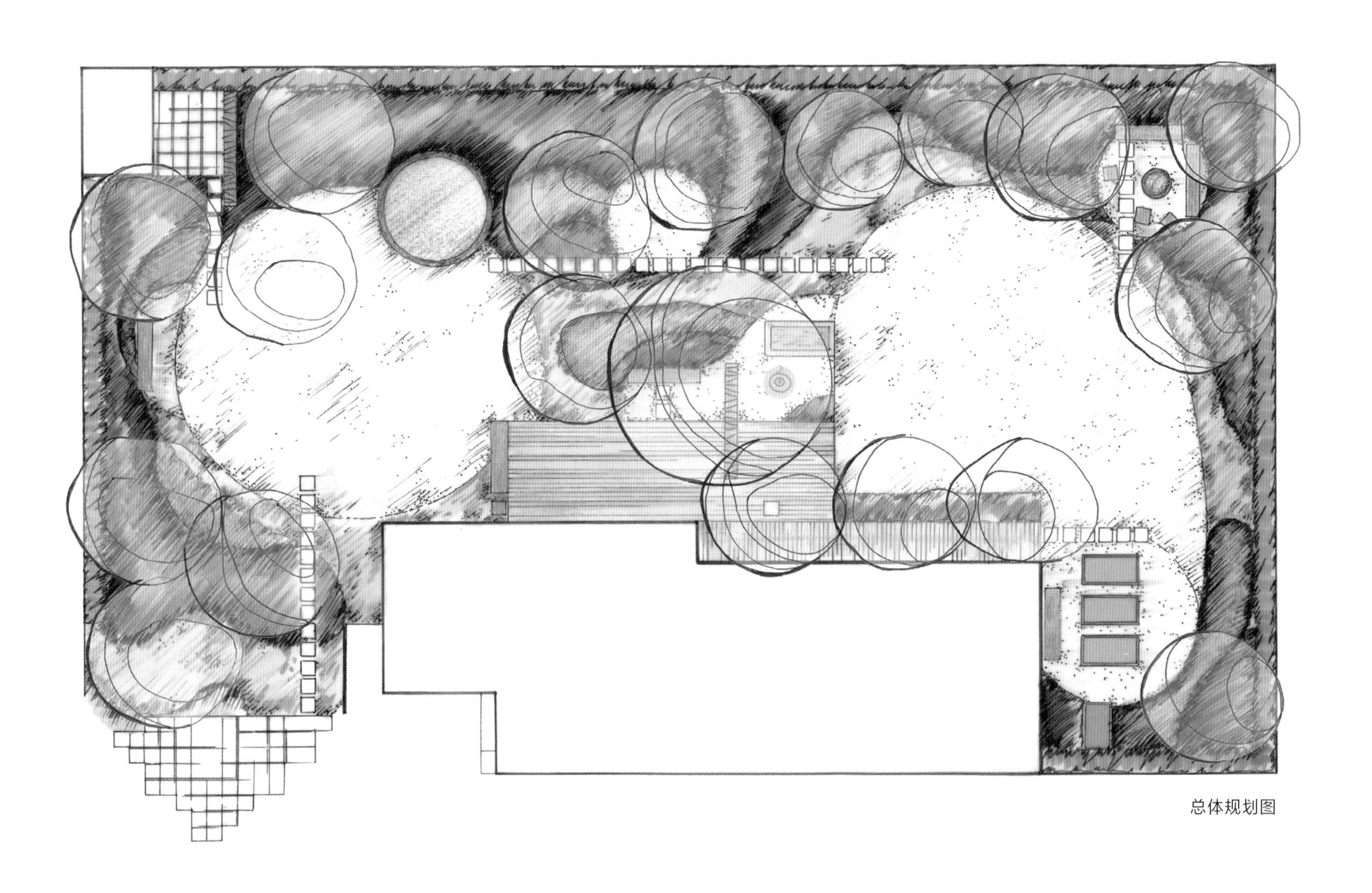

总体规划图

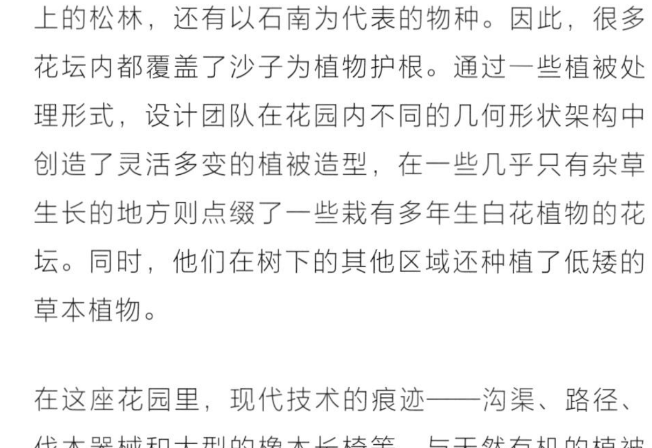

园内景观的设计灵感来自当地的自然群落——沙地上的松林，还有以石南为代表的物种。因此，很多花坛内都覆盖了沙子为植物护根。通过一些植被处理形式，设计团队在花园内不同的几何形状架构中创造了灵活多变的植被造型，在一些几乎只有杂草生长的地方则点缀了一些栽有多年生白花植物的花坛。同时，他们在树下的其他区域还种植了低矮的草本植物。

在这座花园里，现代技术的痕迹——沟渠、路径、伐木器械和大型的橡木长椅等，与天然有机的植被相辅相成。这里还有吊床、凉棚和壁炉，甚至还有蔬菜园，将来也许还会增加户外厨房和水渠。

乡间别墅

A. J. Miller Landscape Architecture

美国，纽约市
4923 平方米

摄影 / Charles Wright, Mariane Wheatley-Miller

客户要求设计师团队为其量身打造一个全新的花园，但是首先必须解决现有花园存在多年的问题：单调乏味、死气沉沉的草坪和花坛。于是设计团队拆掉了一些紫衫树篱，并移走了一些树木，在草坪和周边都培上了新土，为栽种新植物创造了条件。随后，设计师开始设计花园的结构，包括各种硬景观、道路和花坛的外形轮廓。为了方便客人下车，他们在住宅宏伟的大门入口设计了车道。砖面的人行道将住宅和景观相连，这些道路的边缘采用定制的花岗岩修饰，更加突出了路径蜿蜒多姿的线条和轮廓。设计团队希望通过花园的设计体现住宅结构和周边环境的复杂性。同时，客户还希望这个花园能够唤起他们在英国和欧洲其他国家游历时的所见所闻。更为重要的是，花园可以成为孩子们和家人朋友的休闲之地。因此，设计团队清除了一些生长过度的树木，腾出宽敞明亮的区域用于创建户外空间。

经过一道铸铁拱门，人们可以从停车场和前院进入一个香草园，那里种植了大量食材。在主通道上，每隔一定的距离便会伸出一条铺有砾石的小径。为了满足住户户外就餐的需求，设计团队还设计了一个大型砖砌露台，周围环绕着大量的石灰石种植槽，里面栽满了绿色植物。人们坐在露台边缘的长凳上，可以俯瞰到一个坐落在基座上的石灰石花坛。

另一个花园空间位于住宅的侧面，靠近一个私密的小型平台——客厅的外延部分。沿着一条从露台通往大草坪的通道，人们可以来到一个拱门前，那里种植着紫叶山毛榉、一些攀缘植物以及芳香的多年生植物。大草坪是移走了一些过度生长的树木后形成的，同时保留了位于景观中心的一棵古老的英国山毛榉。

格林菲尔德的奥尔德姆花园

David Keegan Garden Design

英国，奥尔德姆镇
504 平方米

摄影 / David Keegan

该地位于英国的第八耐寒区。客户期待的花园是一个可以感受成长的空间，并且可以作为住宅扩展部分的实用空间。他们还需要露台和就餐区域，因为这里是观赏夕阳的理想之地，这样便无需再去登山观景。

项目的设计概念包括创造一个矮松林立的花园，内有干涸的河床，以及可以摆放桌椅的小型露台。花园的边界安装了全新的篱墙，篱墙前面种植了红叶石楠，从而丰富了花园的色彩。姿态各异的矮松和银叶植物为花园增添了千变万化的色彩、形态和轮廓。从住宅中回收利用的一个旧烟囱顶管成为花园的焦点。起初，客户对这一设计持有怀疑的态度，

总体平面图

不知道未来的花园会是什么样子。但是完工后的花园令他们喜出望外——主题鲜明的花园深深地吸引了他们的目光。带有石头顶盖的天然石墙创造了一个氛围亲密的用餐空间，并将住宅与花园相连。全新的边界篱墙不仅界定了花园的范围，还保证了更强的私密性。

槭树、薰衣草、玫瑰花和鼠尾草等植物带来了满园的芬芳，并成为扩建部分的彩色背景，同时也为花园前面的小路增添了无穷的趣味。花园的低处种植了蕨类植物、风铃草属植物和林地植物，它们改变了该区域原来杂草丛生的状态。新设计的木料仓库带有雪松木瓦屋顶，加上褐色的围栏，为花园增添了自然的美感。

这里原有的石头全部被整合到设计之中，与来自当地采石场的石料一起用于石墙和石顶。园中所有的木料都采用了美国黄松木，这种可持续性材料可以替代热带硬木和稀缺的软木。

安妮女王花园

Robert Edson Swain, Inc.

美国，西雅图市
260 平方米
摄影 / Ken Gutmaker, Andrew Ryznar

Robert Edson Swain, Inc. 对一座传统住宅进行了翻新和扩建，并新增了一处 260 平方米的住宅景观。

避暑的凉亭与其说是一个建筑，不如说是一个犹如雕塑般的景观元素。该设计充分利用了普吉特海湾西南部的美景，同时把对该地区和相邻区域景观视野的影响降至最低。

总体平面图

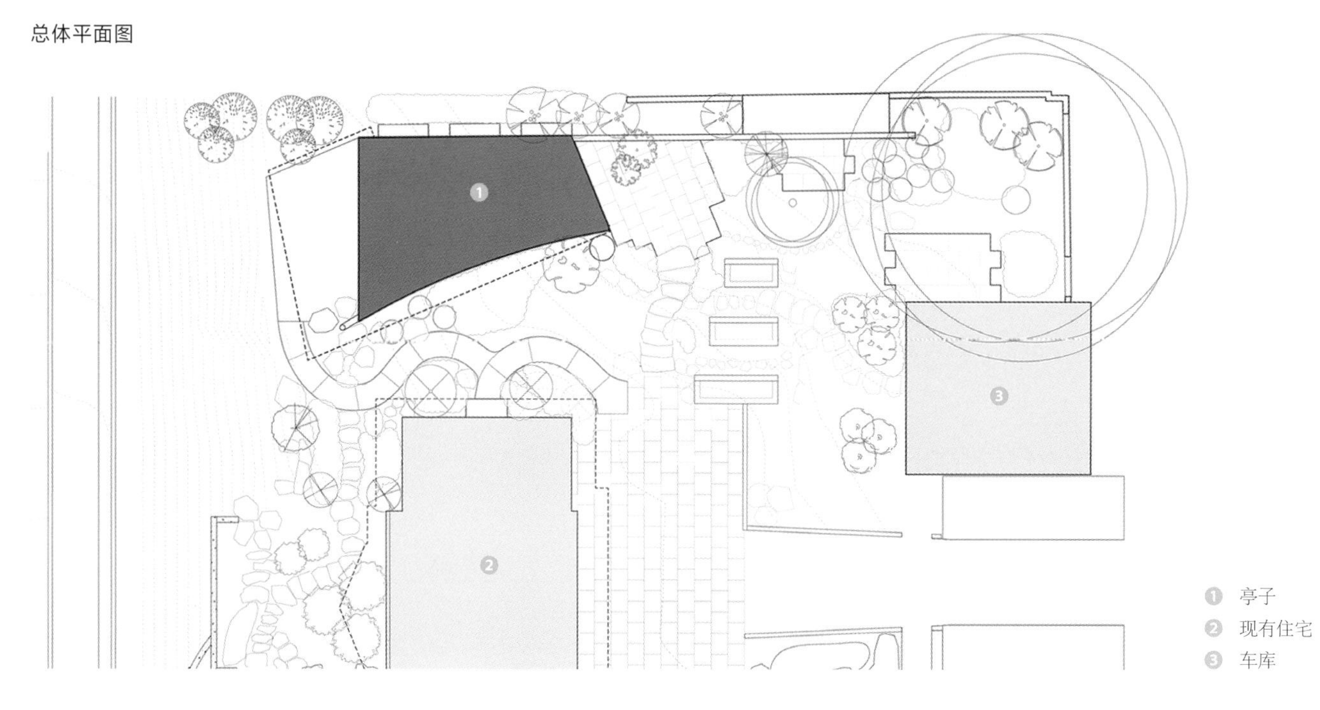

1 亭子
2 现有住宅
3 车库

这是一个城市中的花园寓所，两个现代化的木屋各有用途。其中一个包括厨房、餐厅、休闲区等，另一个则设有阁楼式的卧室和工作室等私人空间。这里位于太平洋西北部，属于海洋性气候，因此设计团队特意建造了一条带有屋顶的通道，将建筑与户外的一条道路相连，提供了舒适的走道。

该项目无论是室内还是室外，都以木质结构为主，同时配以金属细节和石头元素进行装饰。原有的房屋材料也尽可能地得到了重新利用，因为经过风化的材料更适合这里的气候，它们几乎不需要任何维护。在这里，一些在采石场被视为废材的石头也被创造性地重新应用于景观设计中。

这里最终能够成为一个宁静的家园，部分原因是由于设计团队普遍采用当地的植物。与外来物种相比，这些植物所需的维护工作更少。花园景观与现有环境之间形成了相互支持、和谐共生的状态。

萨拉托加山庄花园

Design Focus International

美国，萨拉托加镇
4046 平方米
摄影 / Lauren Devon

该项目在设计上面临的挑战是以现有的挡土墙为基础，在陡峭的山坡上创建一个山庄花园。设计团队在山坡上创建了一系列层次分明、错落有致的户外空间。由于这里属于滑坡多发地带，设计师必须考虑一旦发生更大的滑动后花园可以进行重建。因此，团队选择了来自伦敦的古老石材，其厚度约为 10 厘米，无需砂浆和混凝土就可以用来铺设通道。另外，挡土墙也采用了干砌石墙。如果山体发生下滑，这两种结构可以很快恢复原样。令人欣慰的是，到目前为止一切都还保持在原位。

为了将上层的厨房、起居室与休闲区域相连，设计团队将泳池的位置提高了一些，同时还拆除了一个低矮的车库窗口，为壁炉和休闲区域创造了一个别致的背景。由于山坡的制约，泳池的长度只有大约 8.5 米。设计团队告诉业主，它看上去必须像一块宝石才具有真正的意义，因此团队在泳池的底部以及沿着水线的铜色和绿色阴影处安放了玻璃砖，还在泳池的边缘增设了青铜的喷水器。山坡上的石阶和

凸起的花坛为住宅创造了美不胜收的景观视野，同时有效利用了陡峭的山坡。在石阶的底部，随着季节的变化，花园内的群芳争相吐艳，可谓色彩纷呈、趣味无穷，成为这里的核心景观。这个花园毗邻一片长满莎莉福尔摩斯玫瑰和薰衣草的地带，人们穿过这片开阔的草地可以回到配有泳池的露台。

设计团队在山庄的最高处修建了地掷球场地和篝火坑，那里拥有居高临下的壮观视野。整个项目的工作范围包括所有景观元素的设计和现场监督，涉及总体规划、分级细化、排水、种植、灌溉、照明和砖石工程。

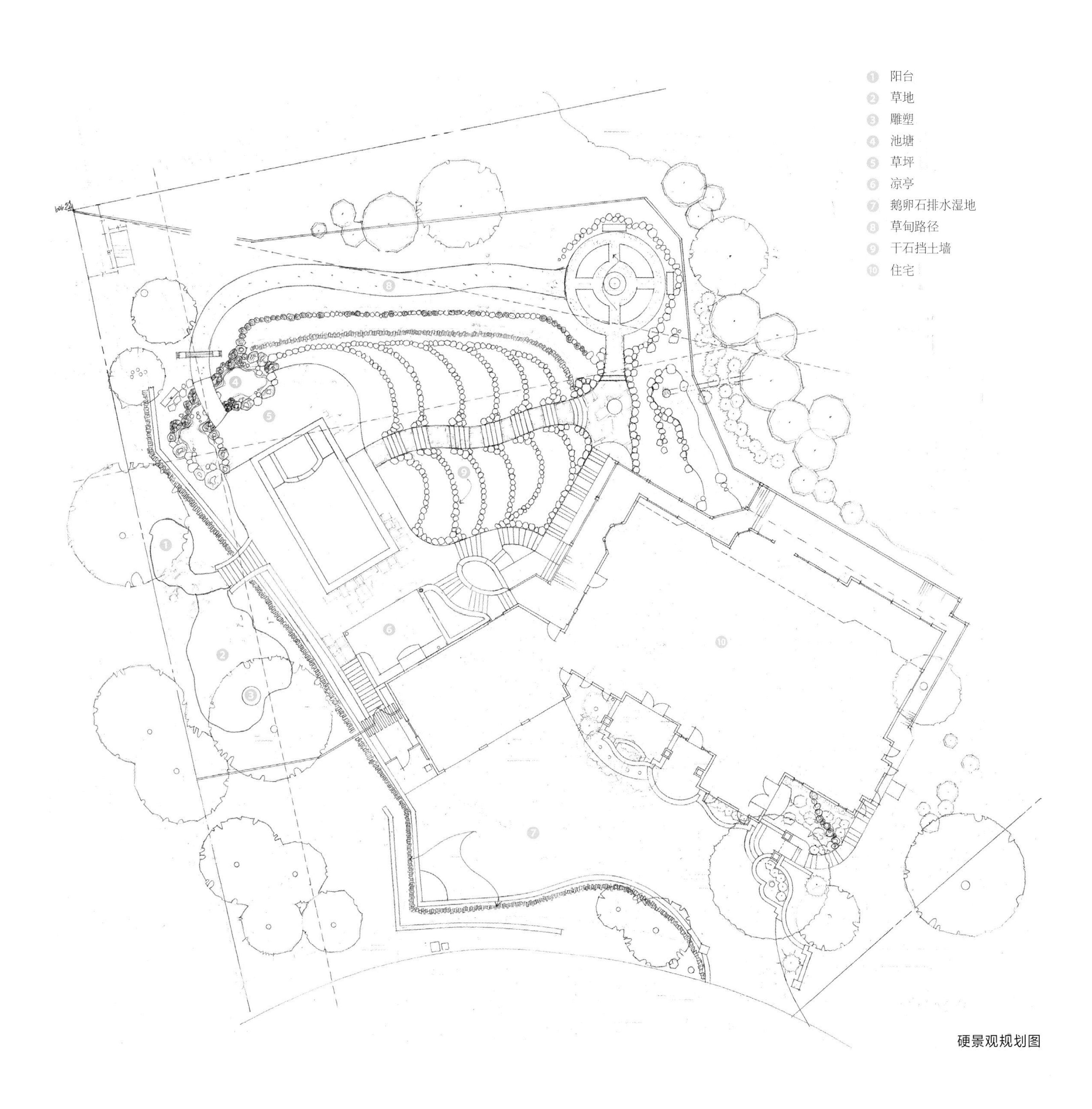

硬景观规划图

克鲁尼之家

Guz Architects

克鲁尼之家环绕在一个中心水景庭院的周围，这个庭院是整个项目的核心。郁郁葱葱的屋顶花园围绕在庭院的四周，为整个住宅增添了浓厚的自然气息。

在一条小径的尽头，Guz Architects 在一个相对较小的区域内设计了一座热带住宅。在住宅的外围还设置了两座 L 形平面布局的凉亭，人们可以在这里俯瞰水景花园——由一个大型的鱼塘和一系列草木茂盛的小岛构成，看似与一个用玻璃围成的泳池融合在一起。当水景作为中心庭院的核心元素时，这些

新加坡
1165 平方米
摄影 / Patrick Bingham Hall

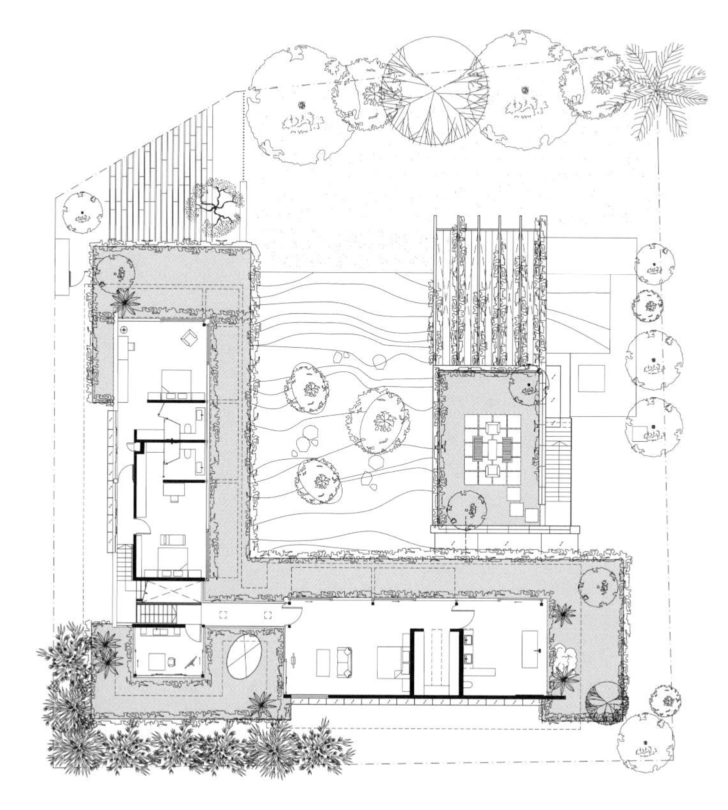

二层平面图

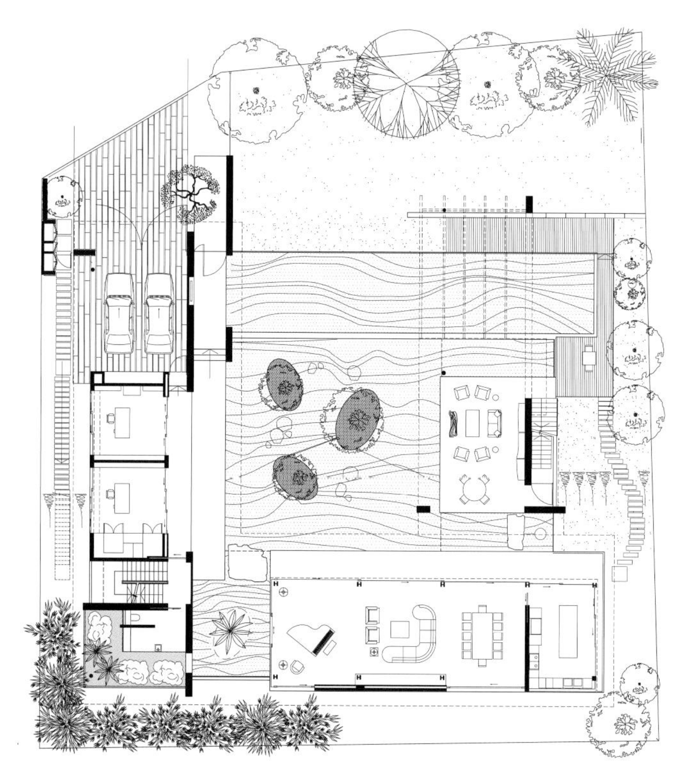

一层平面图

小型的热带房屋就显得格外如生。池塘中天空和树木的倒影给整个庭院带来无限的意境，几乎所有的建筑都给人若隐若现的感觉。设计团队运用水景将人们关注的目光从建筑结构和元素中转移出来，从而创建了梦幻般的景致。

二层有着悬臂结构的屋顶花园，在住宅的上层部分形成了一道绿色的屏障，以至于住宅看上去嵌入并隐藏在绿色植物之中。设计团队还掩饰了建筑的比例：如果开放式阳台的水平位置高于水景花园，会显得视觉效果不够和谐，于是设计师们在水池上建

造了一个长满藤蔓植物的棚架，延伸了阳台的造型。

克鲁尼之家是一个完全自我的世界，这里拥有非常私密的局部小气候环境。其中最为壮美的景观就是位于悬臂式屋顶花园下方的 L 形狭长通道：池塘水面荡起的涟漪在阳光下产生的波光反射到低矮宽阔的挑檐底面，形成美妙的光影。

设计团队采用了光伏电池和太阳能热水器，以及被动制冷技术和对流通风措施，从而降低了能源的消耗。灌溉水箱和屋顶花园还可以对雨水进行回收利用。在这个引人注目的项目中，特别值得一提的是技术与自然的融合。

亨德里克－伊多－阿姆巴赫特别墅花园

Erik van Gelder

荷兰，亨德里克－伊多－阿姆巴赫特镇
650 平方米
摄影 / Peter Baas

Erik van Gelder 为一栋独立式住宅设计了一座具有现代乡村风格的花园，并与住宅完美地融为一体。设计师充分考虑了业主在功能上的需求，打造了一个舒适、亲切、迷人又实用的花园空间。

窗户镶板中常用的耐候钢被设计师反复运用在花园中，包括保护私密性的围栏和延伸至花园隔墙的地面镶板等。锈迹斑斑的金属突出了花园浓烈的乡村气息，泥土色调与常绿树木搭配在一起，在视觉上打破了单调的直线景观轮廓。

在住宅背面的门廊中，居住者可以尽享优美的景色。用木头、石头和耐候钢制成的隔墙吸引着人们的目光，创造了亲密的氛围。池塘的边缘石壁采用了天然的石材，清水从不锈钢管中缓缓流出。在花园的后部，一片草坪被木栏围在其中，成为孩子们玩耍的空间。

在花园后面的休闲区域，有一个可以享受日光的木质平台，上面设有冲浪浴缸、躺椅和桑拿屋，供人们缓解压力、放松身心。Erik van Gelder 还在设计中融入了一些智能手段，如提供完美音效的隐形户外扬声器、桑拿屋中的“观景窗”，以及营造了温馨氛围的 LED 照明系统。

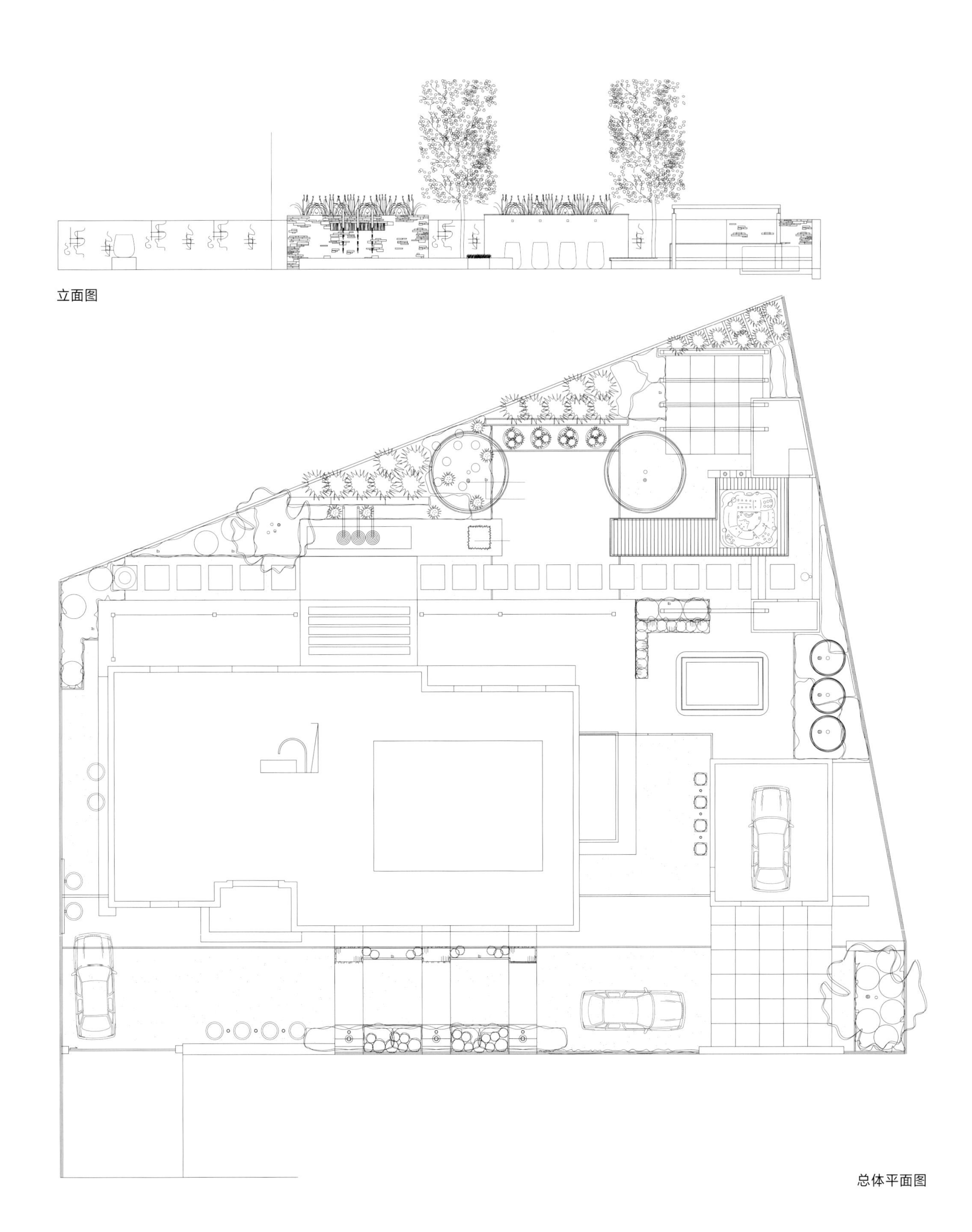

立面图

总体平面图

都兰庭院的私宅

R. Youngblood & Co.

这个私宅的主入口与大规模的黄杨木花坛和谐相融。正面墙体采用了传统的砖墙设计，青石过道和定制的石灰石结构充满了经典法式花园的气息。定制的煤气灯随处可见，当玻璃罩内火光闪烁时，整个宅邸都沉浸在永恒的氛围之中。在黄杨木的周围，还种植了安娜贝拉绣球花和薰衣草。当人们驾车进入庄园后，缓慢地行驶在复古的车道上，就如同行驶在比利时街区真正的花岗岩路上——路面上每块岩石的大小和厚度都是不同的。停车场中心的地面上有一个光滑的传统徽章图案，是用规格为 61 厘米见方的花岗石瓷砖铺成的。

花园的入口位于停车场的旁边，高高的砖墙将花园围住，入口处的铸铁大门是由当地的艺术家制造的，铁门拱顶的中部挂着一盏铜制的煤气灯。这个花园中有一尊青铜的小天使雕像，小天使优雅地依偎在色彩绚烂的百花之中，这些花卉都是精心挑选的，每个季节都有相应的花朵绽放，呈现出不同的色彩。人们在这个花园中还可以经常听到古典乐器演奏的悠扬乐曲。在夜晚，两盏定制的煤气壁灯舞动着柔和的火焰，将整个花园照亮。在炎热的夏季，园内到处是布满苔藓的青石和成片的树荫，为人们提供了乘凉和放松的理想之地。

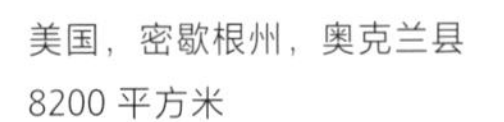

美国，密歇根州，奥克兰县
8200 平方米

摄影 / Joe Vaughn

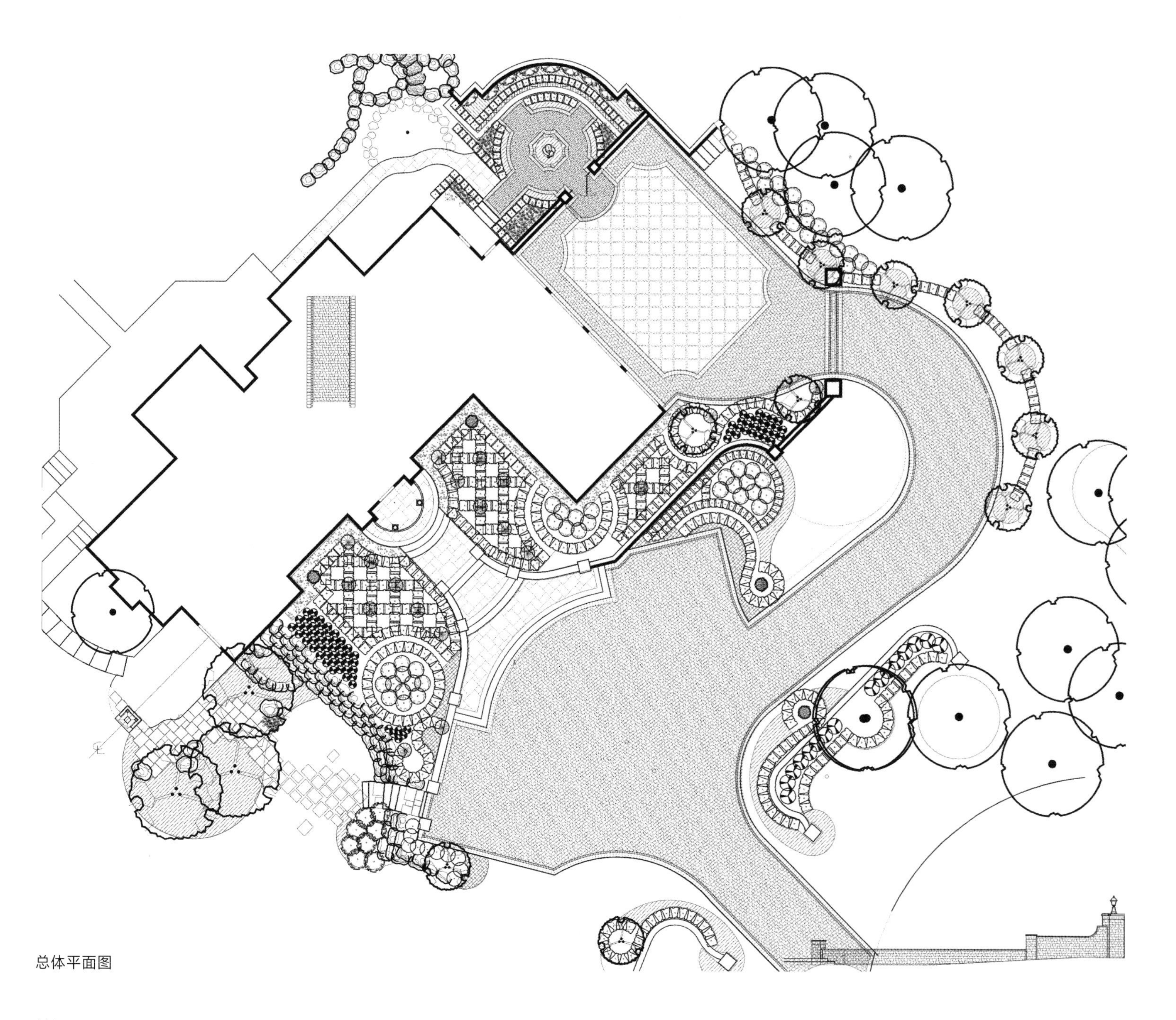

总体平面图

迪顿路别墅花园

Lynne Marcus Garden and Landscape Design

英国，萨里郡
336 平方米

摄影 / Jacek Wac，Matthew Gilbert

一对工作繁忙的夫妇需要一个古典、庄重的花园，与他们的维多利亚式别墅和其破旧但别致的内部装饰完美地融合在一起。花园包括餐区、水景、凉亭和篱笆，与相邻的住宅完全隔离，并栽种了五颜六色的植物。

与住宅完美结合的景观中充满了线性的几何布局，暖房和池塘构成了花园的主轴线，住宅位于中轴线的突出位置，非常引人注目。整个花园的长度横贯一片狭长的草坪。花园的第二条轴线集中在侧面，并穿过休息大厅的入口。在那里，人们可以看到下面的小路，并眺望花园远处的凉亭。在传统对称形式的基础上，设计者进行了一些错位、偏移和扭曲的调整，从而使花园的布局更加协调和生动，也更具现代感。

地面上铺满了切割成型的约克石板和踩上去咯吱作响的碎石，这种修饰使传统的材料和布局显得极为整洁，并具有现代气息。花园内种植了茂盛的篱笆、灌木、观赏树木、蕨类植物和草坪，为盛开的橙色和紫色鲜花创造了常绿的背景。凉亭的四周遍布着白色的鲜花和蓝色的矢车菊。一排欧洲花木阻挡了来自周围的视线，人们还可以坐在置于繁花之中的金属丝编成的座椅上读书和思考。巨大的铅制花盆和各种随意点缀的坛坛罐罐也为花园增添了几许独到的韵味。

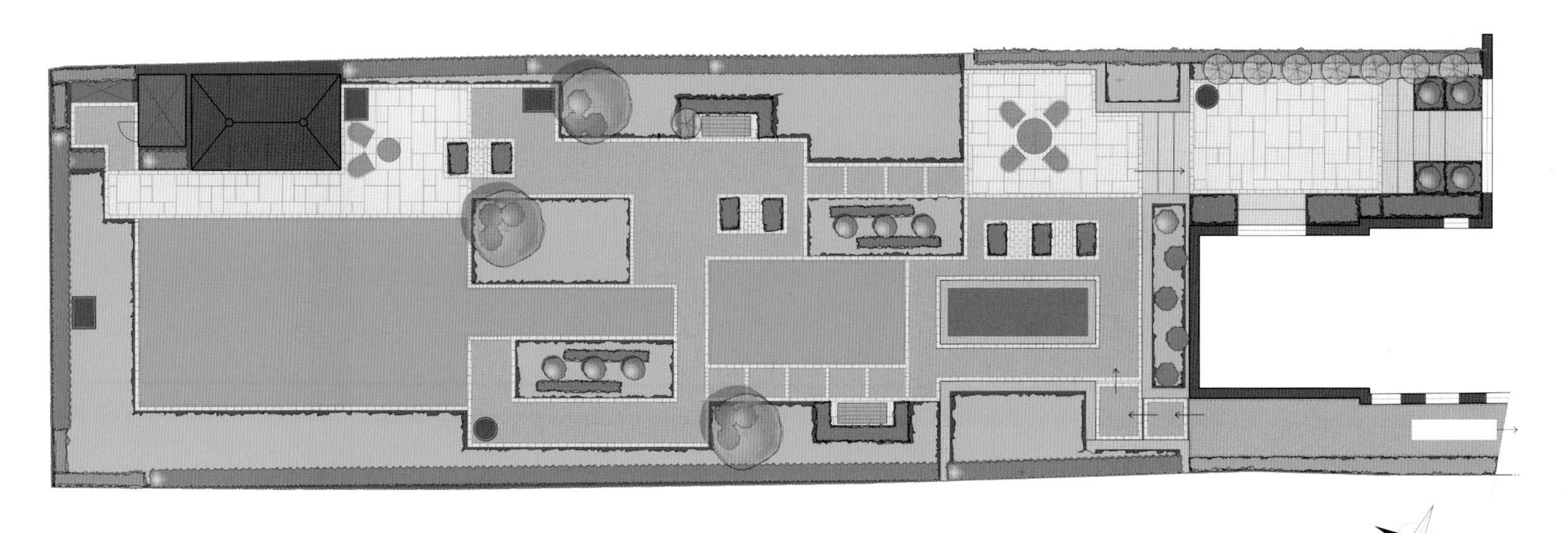

总体平面图

驭马道宅邸

Janet Rosenberg & Studio and Giancarlo Garofalo Architect Inc.

加拿大，多伦多市
700 平方米
摄影 / Jeff McNeill Photography

需要改建的花园面积十分开阔，拥有各类色彩绚丽的植物。为了完成花园的整体改造，设计团队制订了一个总体规划，并将住宅全新的后部立面整合到花园之中。新的建筑元素以分布式结构为标志，从而获得了完全封闭的私密户外空间。凭借这种布局，设计团队不仅打造了以泳池环境为中心的生动景观，更重要的是发挥了石材的多样性。

值得一提的是，泳池的露台真正表达了花园的特色——那里种植了五颜六色的植物，多样的纹理和花姿体现了博大精深的禅意境界。此外，这些露台的多个层面错落有致，在视觉和功能上与周围的景观相得益彰。由于这些区域相互交错，这里看起来更像是一种在湿地和旱地之间不断变换的自然河流景观。

后院平面图

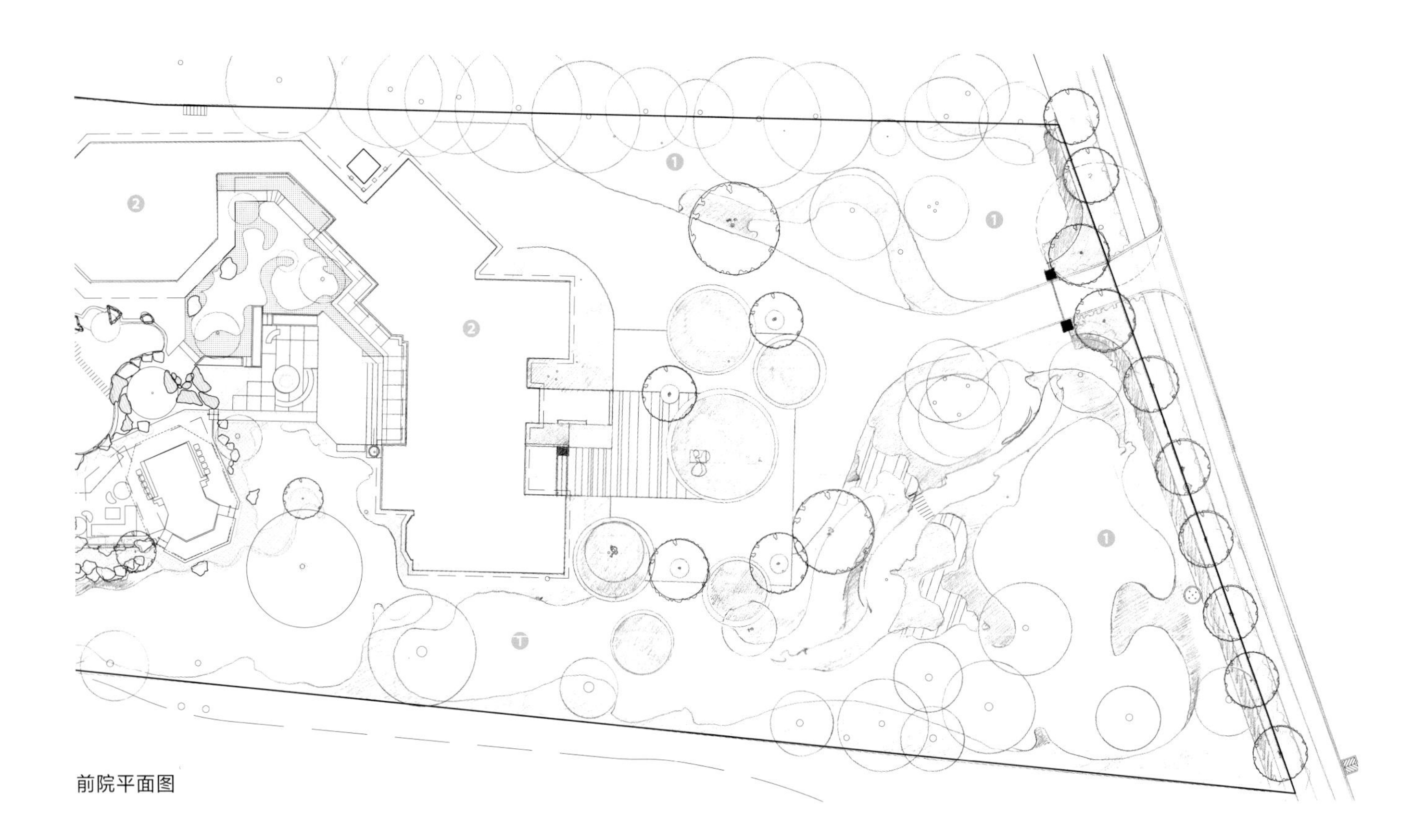

前院平面图

Janet Rosenberg + Associates

同时，花园的景观明显呈现出环形的布局——泳池的露台与前面的入口相连，一方面与树荫自然相融，另一方面创造了物种密集多样的环形花园岛，在花园内更大的林地区域形成了若干核心地带。在细节方面，岩石的纹理丰富了花园内的多孔性质地，与

铺路石和流动的水面形成了鲜明的对比。所有的巨石都是由景观设计师从安大略省的沃顿采石场亲手挑选出来的，通过造型各异的结构和装饰，这些石料的材质特性进一步得到了展现。

伦敦肯伍德的家庭花园

Lynne Marcus Garden and Landscape Design, Charlton Brown

英国，伦敦市
1500 平方米
摄影 / Jacek Wac, Matthew Gilbert, Tony Murray

这个新建的多层花园属于一个有两个小男孩的家庭，业主还饲养了一只非洲龟。简单地说，这是一个对称的、优雅的花园，并设有笔直通畅的路径。人们可以从较低处的庭院一直进入地下的游泳池。此外，这里还需要一个配有厨房的、用于室外休闲娱乐活动的凉廊，以及一个用于饲养乌龟的空间和一块可以踢球的大型草坪。植物的选择范围也被严格限定以绿色和白色为主。

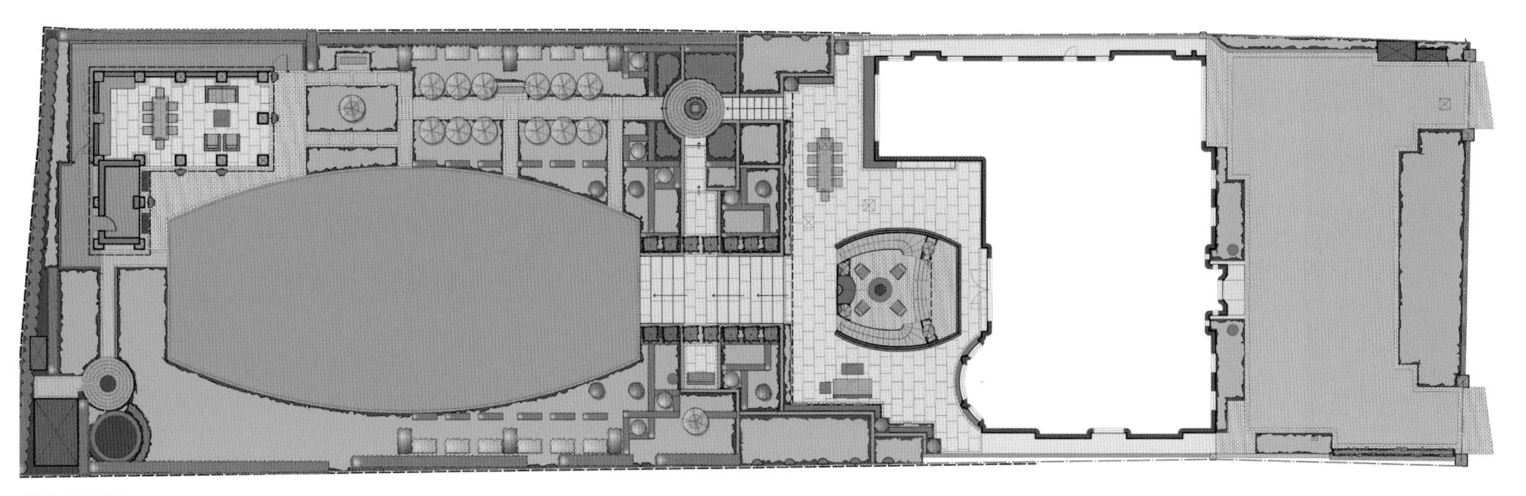
总体规划图

设计师通过各种直线和曲线的造型结构，将住宅和谐地融入景观之中。花园内铺设了切割而成的灰色石材，其反射出的灰色光影使住宅的内部与花园景观结合得更为紧密。对称布局的中轴线从住宅的正门一直延伸到花园的后部。花园的较低处呈椭圆形，并铺满了卵石——那里是一个拥有水池的庭院，为

人们提供了在火炉和餐桌四周围坐的空间。一个蓄水池、若干棕榈树以及蕨类植物为花园增添了几分异国情调。一座带有栏杆的意大利式楼梯以对称的形式与住宅内部的楼梯遥相呼应，从庭院一直向上可以直达主露台，以此达到庭院和中部的景观互相连通的效果。

法式私家庭院

Design Focus International, Rebecca Dye principal

美国，圣荷西市
4047 平方米

摄影 / Lauren Devon

客户要求设计团队为他们打造一个具有法式风情、以白色为主色调的花园，从而与他们建于 20 世纪 20 年代的住宅形成密切的关联。因此，设计团队以精致的砖墙和铸铁大门塑造了住宅的入口，住户可以由此踏上用古老的花岗石铺成的入口通道并进入庭院——这些来自中国的花岗石都是几百年前开采的。庭院的中心是一个巨大的水池，水面上漂浮着白睡莲，金鱼在水中畅游。设计团队在水池的中央建造了一个古香古色的大瓮，里面栽满了各种时令鲜花。

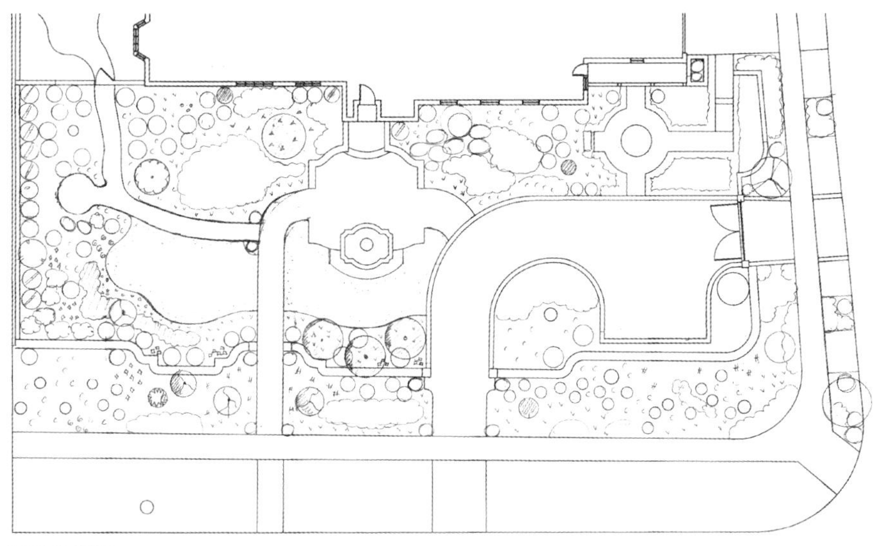

景观规划图

走过一个法式露台之后，人们可以经过一条小径去往藏书室，那里是一个可以放松和思考的空间。景观设计师在这一区域增加了一些具有古老韵味的雕塑，采用石灰石建造了一个法式壁泉，并且用青石建造了用于大型集体活动的主露台。同时，他们还通过壮观的户外壁炉、古旧的瓮罐和雕塑等元素创造了亲密的氛围。主露台的四周长满了色彩艳丽的冰山玫瑰和薰衣草，莎莉福尔摩斯玫瑰则爬上了 7.6 米的高墙，为这个空间注入了欧洲大陆的古老风情。

除了玫瑰、薰衣草和其他更为常见的植物之外，景观设计师还为这个庭院引入了多种稀有植物，促使这里成了动物的栖息之地。自从这个私家庭院建成以来，已经有多种鸟类在此筑巢，业主可以在自己的花园里与大自然亲密接触。

埃斯特花园

Art & Jardins Conception

加拿大，魁北克省，圣希拉尔山
1000 平方米

摄影 / Jean-Claude Hurni

在该项目中，由于业主的充分信任，设计团队在设计过程中没有受到任何的约束或苛求。他们要为业主设计一处能够体现其性格和情感的园林景观。正是基于这一理念，设计团队需要将室外的设计与住宅内部的设计紧密联系在一起。

住宅的外观与居住在这里的人们一样极具魅力。侧面的小径将人们引领到房屋的后面——花园的主体部分就位于那里。设计团队知道必须以出色的方法应对设计和建造方面的巨大挑战。在设计中，他们需要考虑一些现有元素，如一块不错的高地、一个很深的水池和一道石墙，以确保它们与新材料和新设施完美融合。所有元素的和谐相融是非常必要的，只有这样才能创造出一个让人流连忘返的花园。

一丝不苟、技艺娴熟的设计团队满足了业主的愿望，成功打造了一个令人愉悦的花园，使置身其中的主人和宾客可以尽享美好的时刻。

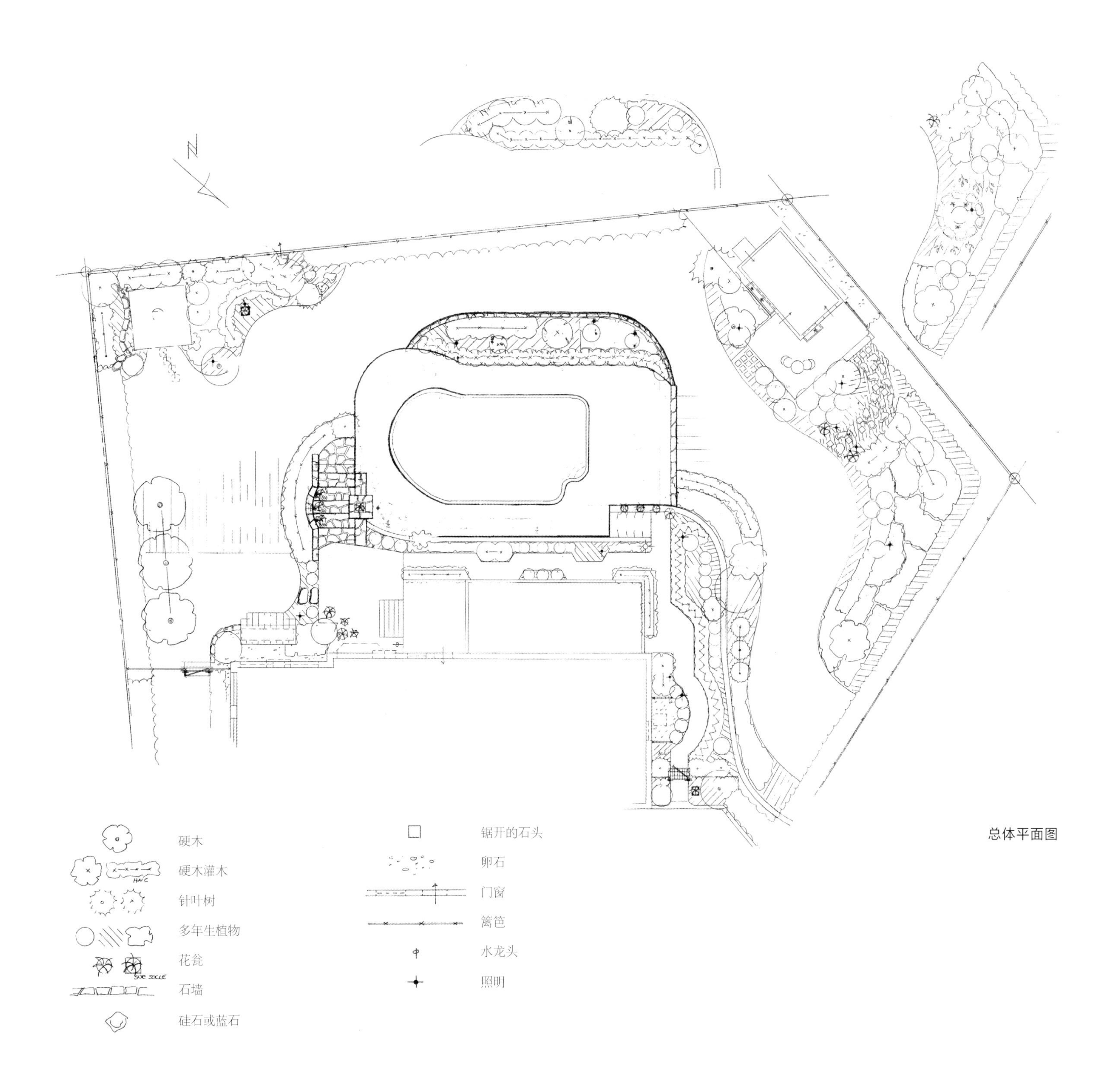

总体平面图

466

柯克伍德住宅

Jailmake Ltd

该项目的设计目标是建造一个易于维护的厨房花园，从而将这栋建于 20 世纪 60 年代的联排别墅与户外空间自然地连接在一起。

对开的大门朝向一段平台敞开——该平台不仅可以用来摆放小型桌椅，还放置了多种多样的盆栽植物。这个被住宅略微遮蔽的空间也可以作为春季的幼苗培育温室，并在夏季为多肉植物提供充足的新鲜空气。平台的高度与住宅内部的地面高度基本持平，人们可以很方便地在室外摆放餐桌和座椅。

英国，伦敦市
50 平方米

摄影 / Rory Gardiner, Ollie Hammick

花园的整体布局既便于工作，又便于娱乐。交错的小路有着足够的宽度，可以使手推车通过。小路通向盆栽大棚区域和花园深处的养鸡场，一棵古老的针叶松以茂盛的枝叶提供了遮雨的功能。花坛后面的木质篱墙被涂成了黑色，使它们看上去似乎消失在背景之中。同时，由耐候钢制成的花坛呈现出温暖的色调，为绿色的枝叶和蓝灰色的砾石板增添了美丽的背景色彩。花坛仅 1 米高，因此园丁无需跪在地上或者弯腰就可以开展维护工作。这个高度还

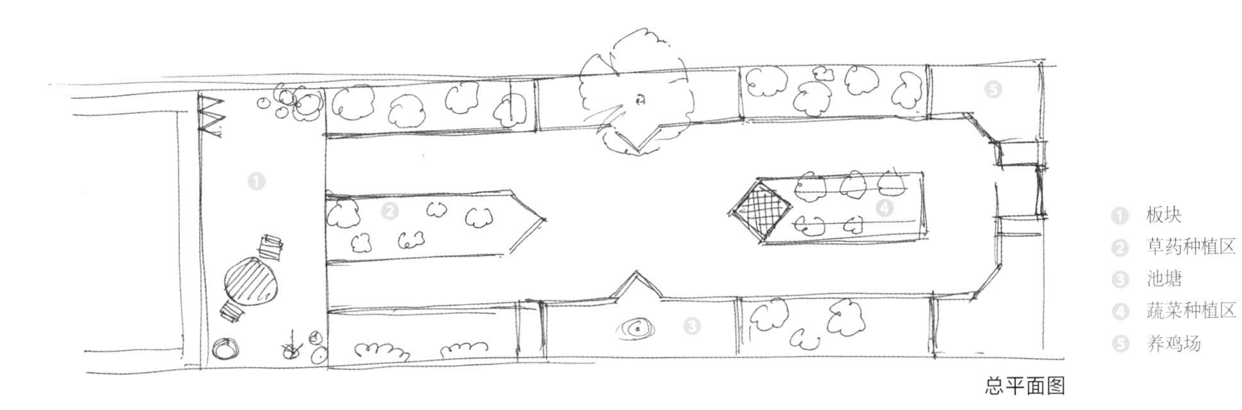

总平面图

意味着花园十分适合种植蔓生植物，如浅裂叶百脉根，它那银绿色的枝叶与花坛的橙色钢材形成了鲜明的对比，令人赏心悦目。离住宅最近的中心花坛只用来种植草药和莴苣叶、而另一个位于花园后部的中心花坛则用来种植各种时令蔬菜。这些花坛的边缘悬挂着由灰泥和钢材制成的结构简单的可移动支架，当人们在花坛周围活动时，可以随手移动这些支架；当他们在阳光下小坐或者工作时，这些支架可以用来放置工具和咖啡。

花园内的大部分植物都是随意种植的，草药和可食用植物分布于花坛内其他植物的缝隙之间。诸如甜豌豆、向日葵和英国金盏花这样喜光的一年生植物，都沿着东南朝向的篱墙生长，散发出夏日多彩的气息。花园内还种植了日本水菜、萝卜和芝麻菜，这些植物可以在夏末进行播种，并在花坛的边缘优雅地蔓延下垂，最终形成波浪阵阵的花海。在冬季，茉莉、海桐等常绿植物的枝叶开始显现出它们的本色。

这座花园还是观赏各种昆虫和鸟类的理想场所——它们每年都频繁地光顾这里。住宅内摆放的植物与远处花园里的植物自然地融合，让人感觉花园仿佛是生活空间的延伸。

湖畔私家住宅

R. Youngblood & Co.

美国，古德里奇市
5471 平面米

摄影 / Jeff Garland

这个大型住宅位于湖畔陡峭的山坡上。为了使该地段能够建造房屋，需要使用大量的挡土石料，因此设计团队一共采用了约 600 吨的加拿大石灰石来建造挡土墙和石阶。在这些石头构成的结构中，还包含了一些聚会区域和观赏湖景的露台。植物景观的设计使这些石头显得更加柔和，并为整个环境增添了鲜活的色彩。

在整个住宅范围内，人们可以选择不同的区域就坐，并观赏秀丽的湖光山色，在每一处都可以有截然不

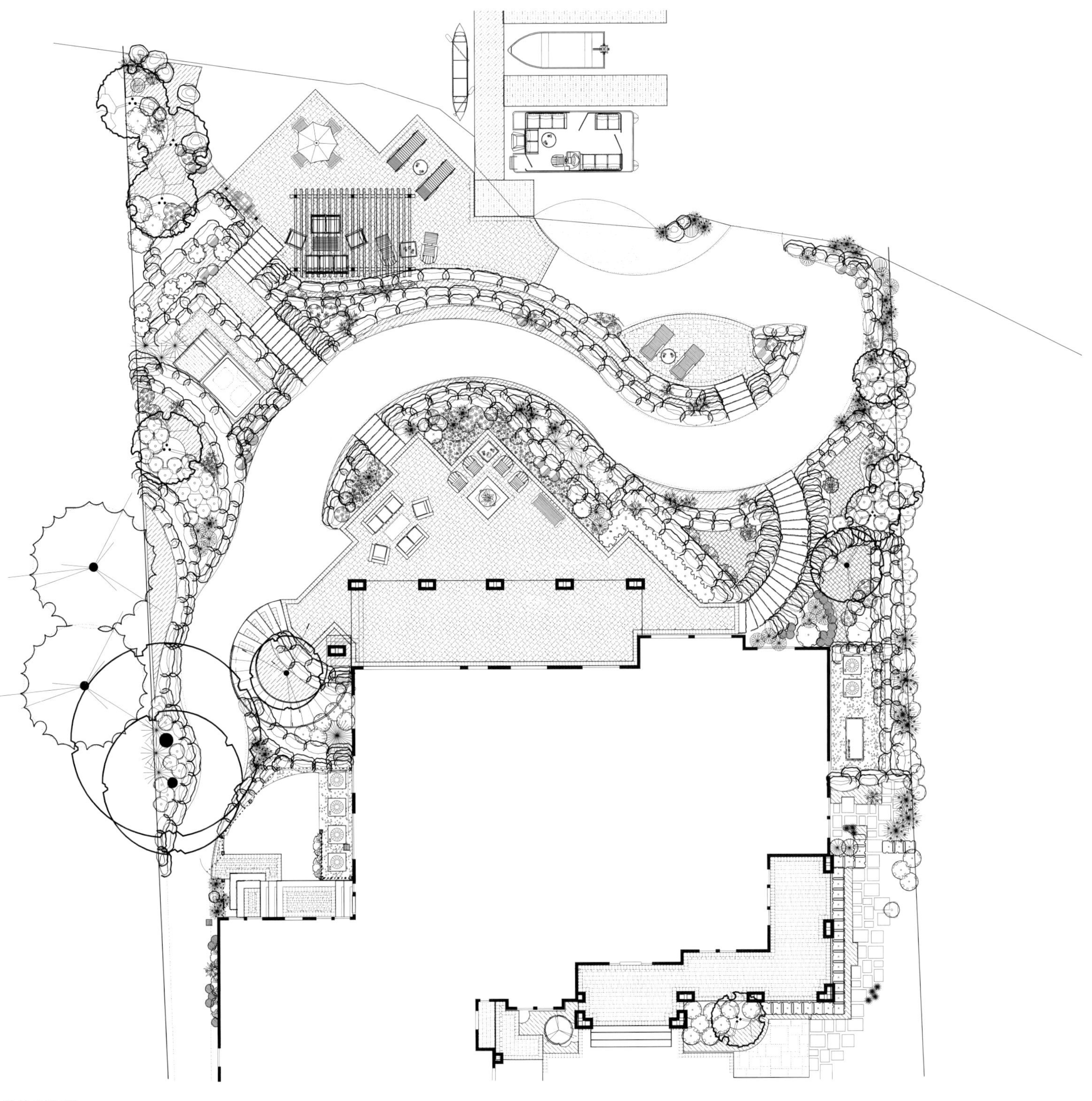

总体平面图

同的感受。位于上层的露台提供了最高的视野，并设置了一个火坑，可以在阴冷的天气供人取暖。位于湖边的大型露台上有一个用雪松木建造的凉亭，人们可以由此登上小艇，在湖上畅游。夜晚，精心设计的照明系统为这个空间提供了柔和的光线。

菲尼的住宅

Robert Edson Swain, Inc.

美国，西雅图市
418 平方米
摄影 / Clive Nichols, Ken Gutmaker, Robert Edson Swain, Inc.

这里距离西雅图市中心只有10分钟的车程，姿态万千的景观密集分布于此，是闹市中令人赏心悦目的清静之地。当地原生的常绿和落叶树种繁茂生长，使这里成为一个适合全年居住的地方。共有168种植物被精心栽种于住宅的周围，遮挡了周围的视线，塑造了与世隔绝般的居住环境。人们还可以在这里远眺普吉特海湾和奥林匹克山的美景。

与外来物种相比，当地的原生植物长成后，对灌溉用水、维护管理和其他资源的需求较低，不仅苍翠繁茂，还产生了自然有序的季节变化景象。

住宅隐蔽在茂密的山地铁杉之中，人们可以沿着雪松木栈道进入庭院，穿行于花旗松、圆叶枫和美洲山杨树形成的树荫之下——这些树木不仅繁茂，还提供了理想的遮蔽效果。庭院内还种植了很多野生花卉，包括北美华鬘草和西部延龄草（马银花），这些在春天绽放的野花与剑蕨、杜鹃相互掩映，柔化了景观中的石头元素。一段铜制的水管、中式花

岗岩水井和一个大型玄武岩池塘构成了造型别致的水景，同时削弱了来自街道的噪声。

住宅的外部采用了锈迹斑斑的钢结构、西部的红雪松木梁和雪松木瓦镶板，这一切都与自然景观的特征一致。各种层次分明、连贯流畅的空间和景致共同创造了这个闹市中的幽静之地。

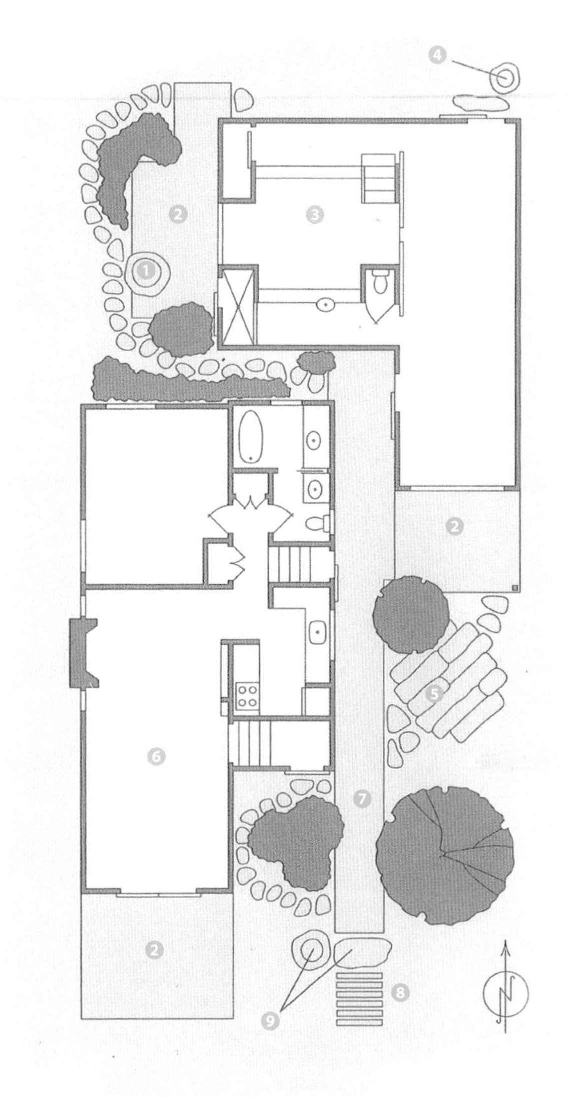

1. 中国古代石头浸泡毂
2. 甲板
3. 小屋
4. 石水池
5. 庭院
6. 前舱
7. 雪松木板路
8. 雪松板
9. 花岗岩垫脚石和日式水盆

总体平面图

圣伊莱尔山的私家花园

Art & Jardins Conception

这栋古老住宅坐落在一处开阔的地段上，与一条景色迷人的道路保持着恰到好处的距离。它所具有的独特魅力让设计团队不得不认真考虑如何建造一个与其相衬的花园。此外，鉴于这是一个生活设施齐全、供两代人居住的住宅，设计师们必须要为不同的居住人群保留相应的生活空间。

景观设计师希望突出通往住宅主入口的道路这一视角，于是他们在路边设置了两排植物和一些装置，并在道路的中间放置了一个开满鲜花的古老瓮缸，作为花园的中心景观。篱墙围成了两个种植园，里面生长着高山血色天竺葵和八仙花属的圆锥花等，这些枝头摇曳的花朵为住宅正面的景观添姿增色，使人们忘记

加拿大，魁北克省，圣伊莱尔山
2500 平方米

摄影 / Jean-Claude Hurni

了这是入口。石头铺成的路面、千姿百态的植物和姹紫嫣红的鲜花，使户外的景观更加丰富。

除此之外，设计师还在特定的环境中创造了不同的生活区域，并在这些相互开放的空间中保证了各自的私密性。穿过藤架，人们可以来到精心设计的后院，那里有沙箱和各种游戏设施，是孩子们的游乐场所。

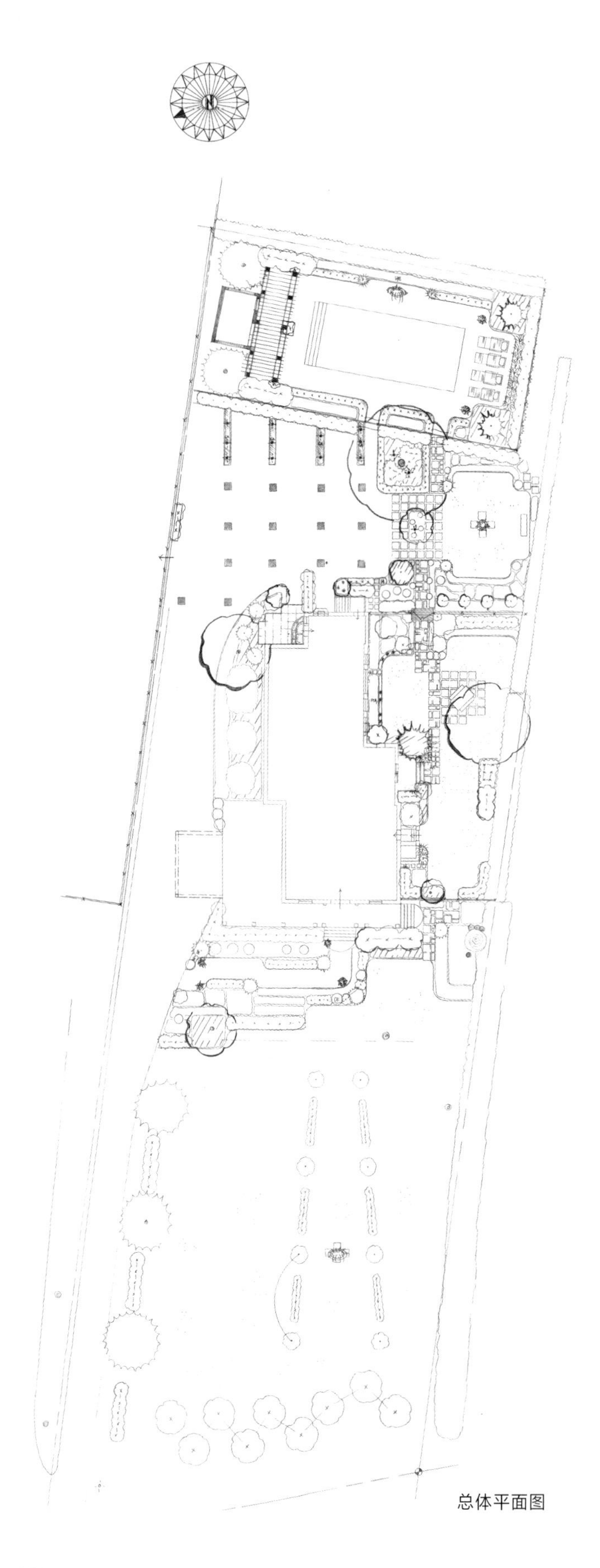

总体平面图

 硬木

  硬木灌木

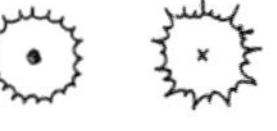 针叶树

 多年生植物

 一年生植物

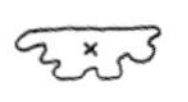 攀缘植物

 花瓮

水龙头

电源插座

电表

照明

硅石

藤屋

Guz Architects

这是一个梦幻之家，这里的一切都隐藏在优雅繁茂的植被之中。整个住宅由若干开放的空间和庭院构成——这些庭院不仅为住户提供了保护功能，提高了私密性，还改善了空气质量。这个现代化的宅邸是对传统庭院式住宅的现代诠释。

在这里，基于L形平面布局创建的众多空间有利于自然通风，植物提供的隐秘性还保持了室内和室外之间永久的连通性。这种平面布局以通透性的概念为基础，并通过一系列开放的露天空间和庭院来实现，最大程度地利用了这里的视界，并可以将微风汇集于此，从而在住宅内部形成对流。入口处的设

新加坡
526 平方米

摄影 / Patrick Bingham Hall

平面图

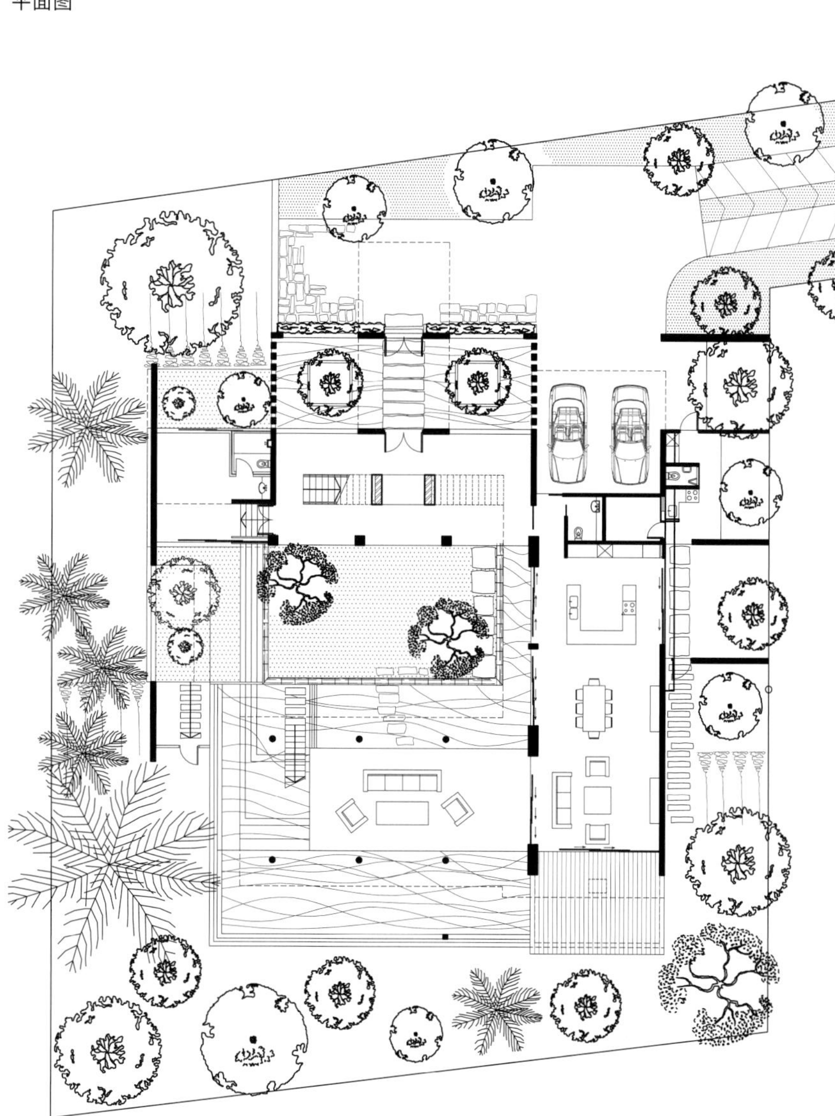

计也体现了这一概念，那里有一个水景庭院，对整个建筑起到了降温的作用。在建筑的上层，设计师沿着走廊设置了藤条编制的墙壁，不仅可以让空气自然对流，还方便住户把走廊作为图书馆或画廊来使用。主入口大厅的藤条幕墙不仅提供了良好的私密性，同时还有利于空气的流通。

这座住宅在预算很低的情况下顺利完工，全部费用不到 100 万新加坡元，这在新加坡属于建造成本非常低的工程了。

切尔西私家庭院

R.Youngblood & Co.

美国，密歇根州，拉佩尔县
37 750 平方米
摄影 / Jeff Garland

该项目位于密歇根州乡村地区的一个私人住宅区，这里以连绵的地貌和养马场而闻名——沿着乡村起伏的地势，这里有大片的牧场和长达数千米的黑色的马场围栏，风景优美，深受马术爱好者和骑手的喜爱。

住宅位于丘陵的顶峰，地势的起伏变化为庭院、墙壁和泳池的设计带来了技术挑战。设计团队花费了大量时间研究和确定泳池及户外生活空间的位置，以确保最佳的景观视野。泳池成为整个项目的核心与灵魂，人们在那里可以欣赏到令人惊叹的庄园景观和山脚下的大型池塘。与泳池毗邻的是一个氛围亲密的休息区，那里安装了一个定制的火盆，使人们可以在星空下享受夜晚的轻松与宁静。户外的露台区域可以举行大型聚会活动。

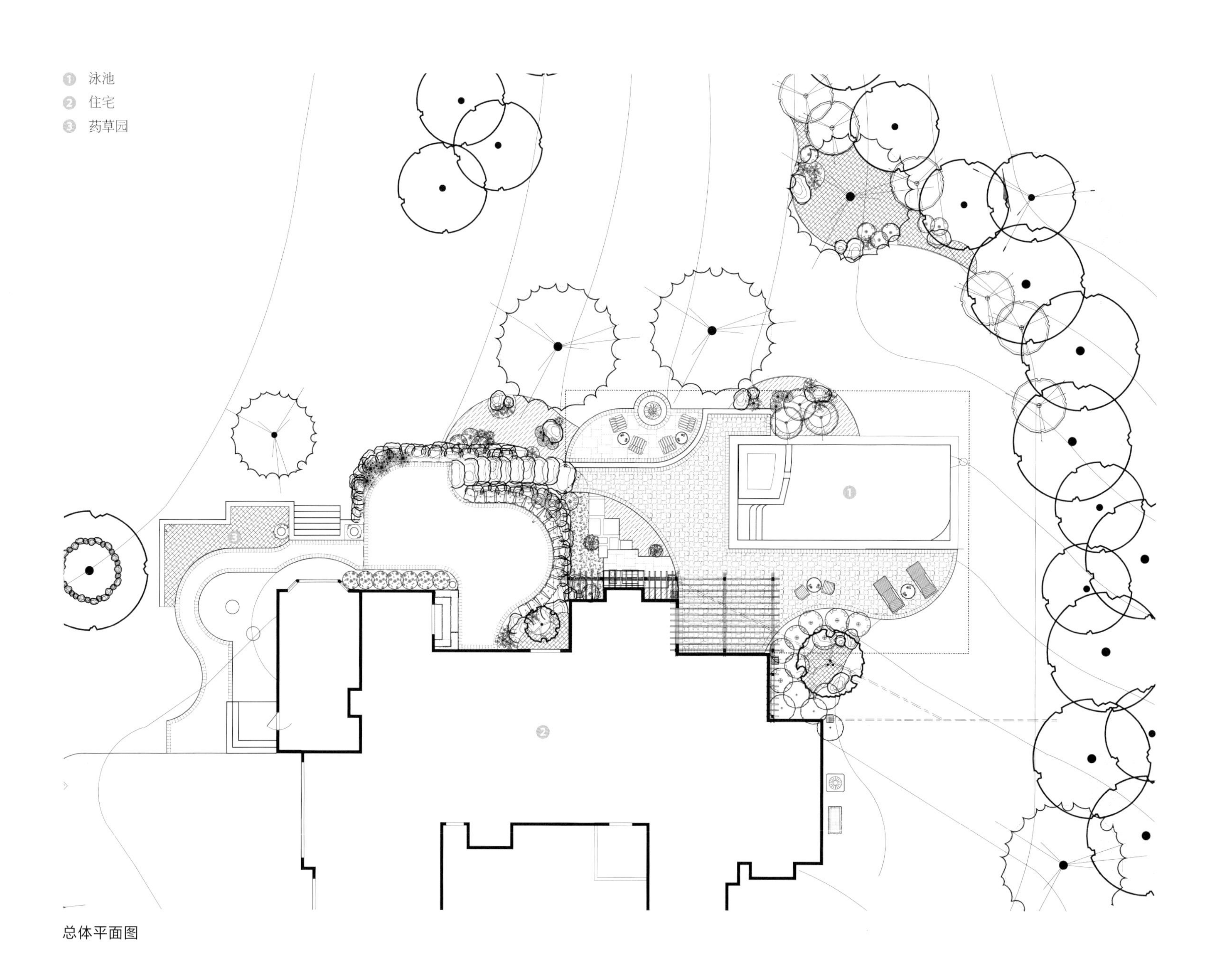

总体平面图

露出地面的巨大岩石被保留下来，以此建立了户外活动区域，并采用多年生植物和地面植被使其显得更加柔美。水疗中心和泳池的边缘都采用了水泥砂浆和石灰石建造。

植物园地标花园

Robert Edson Swain, Inc.

美国，西雅图市
2430 平方米

摄影 / Andrew Ryznar (RES Team), Robert Edson Swain, Inc

这栋标志性的住宅不仅提供了高品质的居住环境，还完美地融入到该地区的悠久历史之中——这片土地是植物园的延伸地带，表达了对奥姆斯特德绿地（Olmsted greenbelt）遗产的崇高敬意，同时还融入了欧洲和亚洲园林的风格。Robert Edson Swain, Inc. 极为细心地将这座石头建筑与周围环境融为一体，使室内空间与优雅精美的花园自然连通。

在背阴的花园北侧，景观设计师种植了高耸的花旗松和西部红雪松，不仅遮蔽了邻居的视线，还使花园成为森林的一部分。大量的剑蕨、白色的卷花淫羊藿以及各色杜鹃花为这个西北部风格的建筑增添了柔和曼妙的风韵。清流潺潺的水景发出悦耳的声音，削弱了来自公路的噪声。水景周围茂盛地生长着美丽的蹄盖蕨、链蕨和御膳橘。

花园的设计保留了西北部原生态森林的风貌，同时利用了植物园多样的珍贵植物，展现了东西方园林艺术的融合。

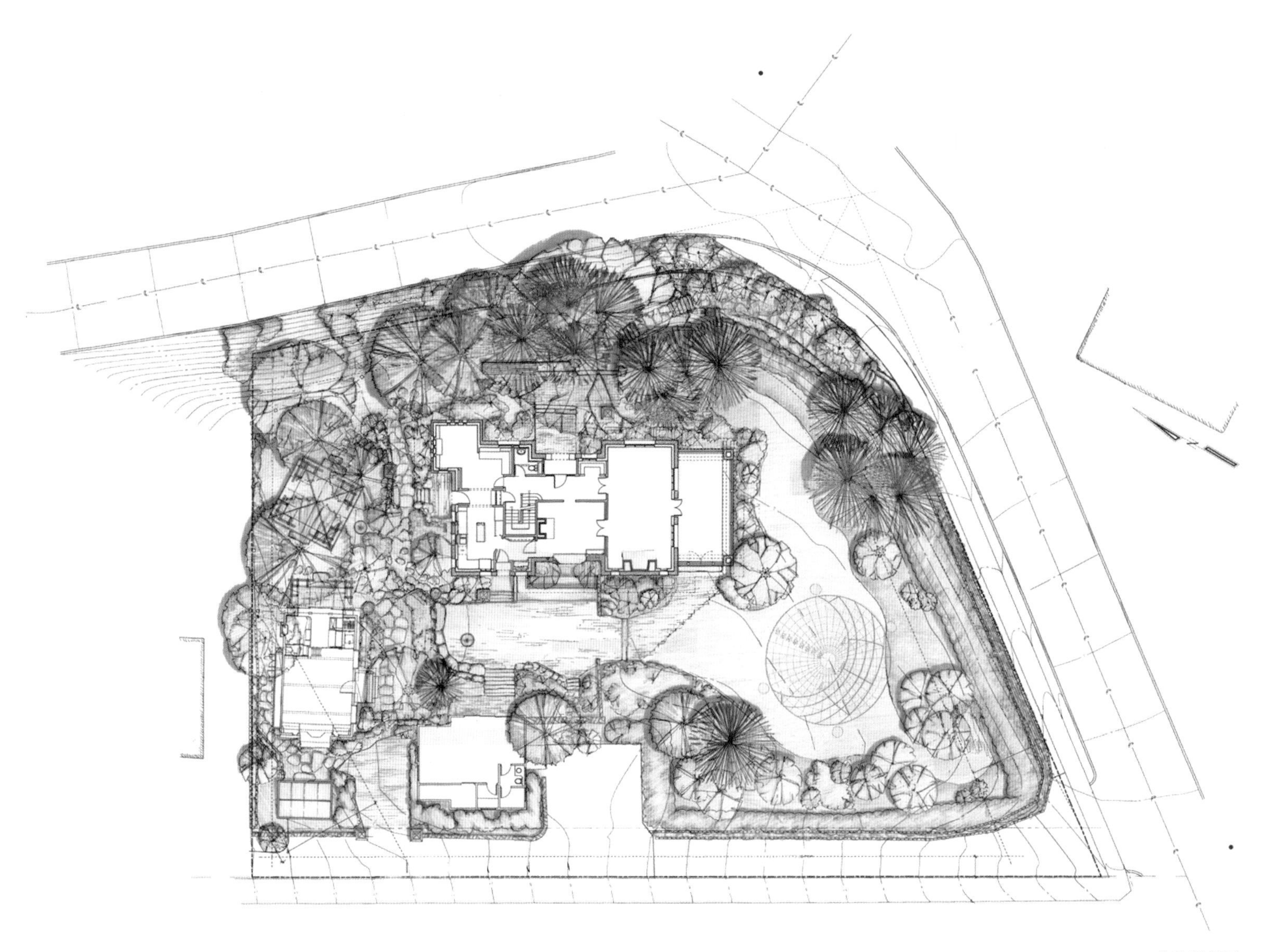

总体规划图

Pop-up 花园

Nicola Spinetto

意大利，基亚瓦里镇
187 平方米
摄影 / Sergio Grazia

Pop-up 花园是为意大利小镇基亚瓦里的一个客户设计的，设计师希望可以为一个陡峭的室外区域带来全新的生活体验。使用未经加工的花旗松木建造的露台犹如天然的梯田一般，成为这里的一大特色。此外，花园内还设有一个可以遮阳的就餐区域，一个配有烤箱的小型厨房，以及供家庭成员休闲娱乐的平台。

该项目的独创性并不是出于某种偏好，而是对该地段特定条件做出的应对方案。陡峭的地势上容纳了三个层次的露台，不同的露台都是依照地势的原有层次建造的。设计团队需要处理各个层次之间近 3 米的高度差，还要考虑那些分类保护的树木，这些元素形成了项目的第一道景观线，也就是第一层露台。此外，还要通过体量的测定和处理方法在花园的上层和下层之间创造良好的连通性。最终形成和谐统一的美感：受到保护的旧花园与下层的新花园交相辉映、异彩纷呈。

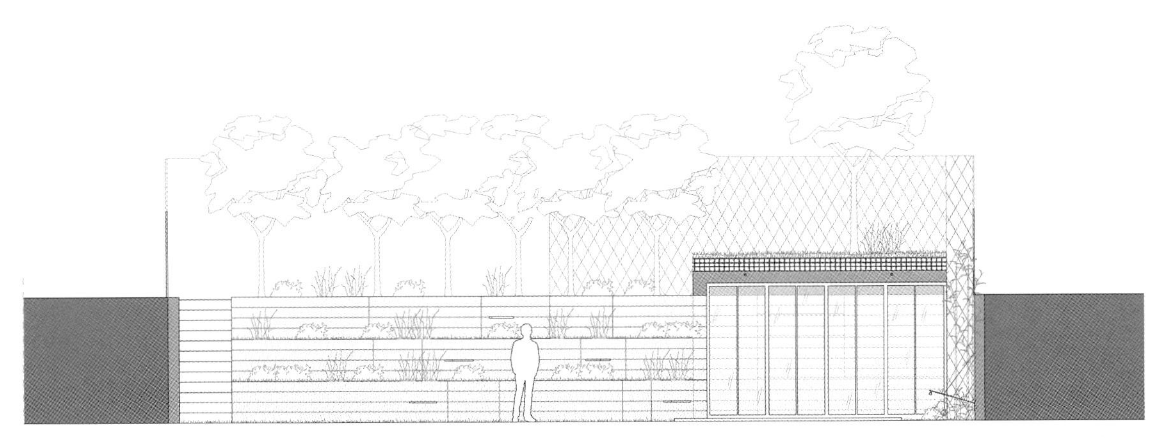

横剖面图

从这些制约条件来看，该项目的设计更像是一个勾画各种线条的游戏，它们巧妙地绕过原有的花园，悄然伸向新的花园。花园里有很多当地的植物，如橄榄树、无花果树、月桂树，还有利古里亚大地上芬芳无比的花卉，如薰衣草、迷迭香、罗勒等。为了遮挡强烈的日光和来自附近居民的视线，设计师还设置了一些帘幕。园内所有的元素都是采用相同类型的未经加工的木料制成的，随着时间的推移，它们将逐渐风化成灰色。

Pop-up 花园宛如一块令人惊叹的绿洲，为居住者带来真正的享受和快乐。

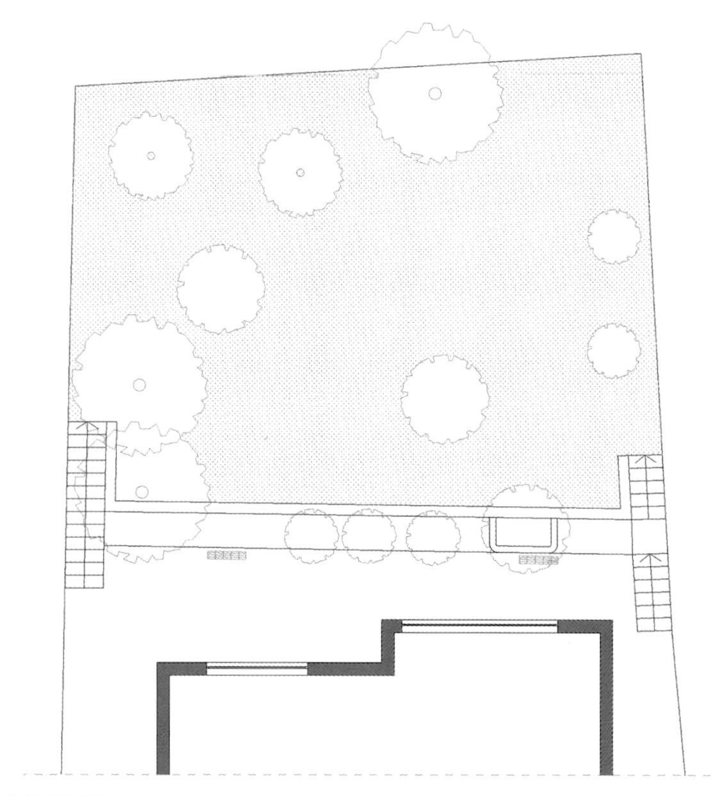

原始平面图

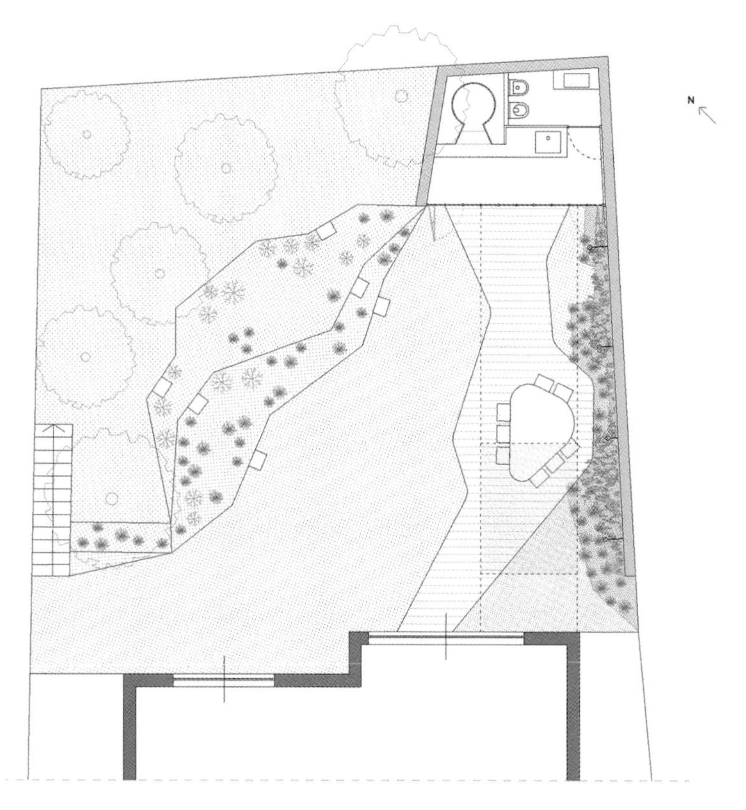

改造后平面图

私家花园

Ethan McGory, Oakland Design Associates

美国，哥伦布市
2200 平方米
摄影 / Ethan McGory

业主希望在一幢大型住宅的四周创建一系列的园林空间，形成优美的内外部景观。

住宅的正面临街，并正对着一个街角。一道由黄杨木构成的篱墙将住宅与街道隔开。这些花坛虽然十分紧凑，种满了银色、绿色、白色和紫色的植物，但这些植物的颜色对比并不鲜明，景观设计师主要是希望突出它们在造型和纹理上的差异。沿着花园

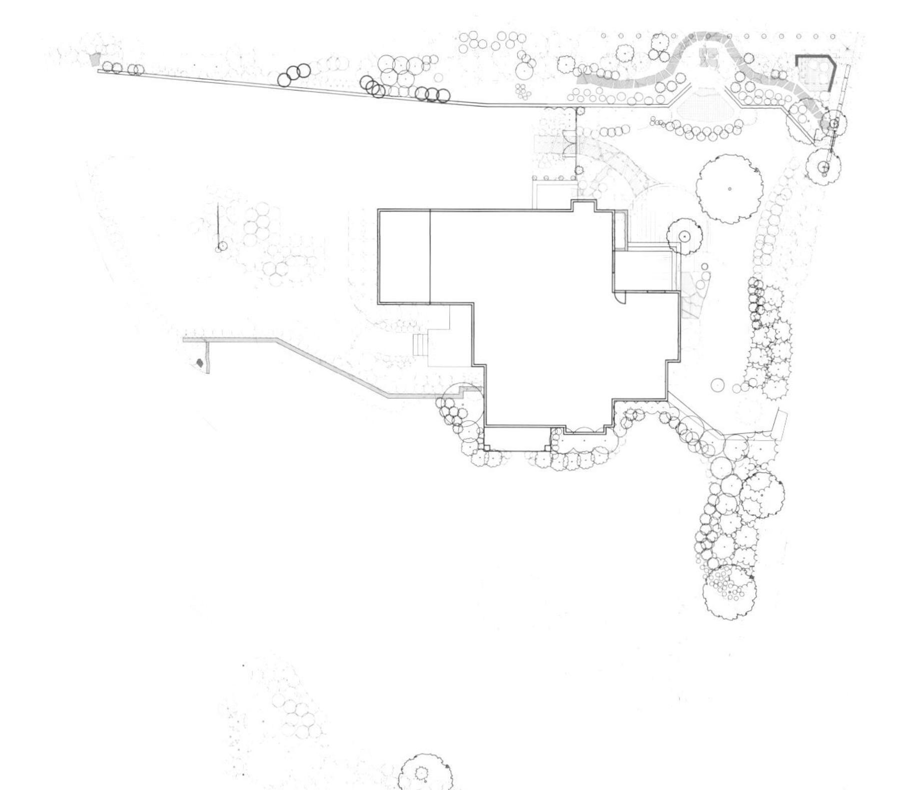

总体平面图

入口通往住宅的小路上，项目团队种植了很多不同种类的植物，改善了住宅的景观视野，并沿路创造了和谐一致的视觉体验。

人们通过栽满了藤本植物、灌木和树木的大门口可以进入后院。这个大门还遮蔽了来自街道上的视线，并为后院创造了一种强烈的私密感。后院的布局以一个低处的平台为中心，并设有台阶，通往后院中部的圆形露台。花园的南部边缘是一道由常绿植物、玉簪花和蕨类植物构成的篱墙，遮挡了周围的视线，保证了私密性。

施莱湾的茅草农庄

Bahl GmbH

德国，石勒苏益格－荷尔斯泰因州，乌尔斯尼斯镇
3000 平方米

规划 / Sebastian Jensen Hamburg
摄影 / Miquel Tres

如果你对自己的花园精心投入，那么你就会有更多的享乐时光。尤其是当你的花园坐落在施莱湾的附近，并被环抱在石勒苏益格－荷尔斯泰因州无垠的田野之中。

广阔的天空、滨水的环境和古老的农舍吸引业主来到德国的北部地区。他们认为既然这里是一个度假胜地，为何不在这里永久居住呢？当初购买这个农庄时，这里还是一片荒芜之地。经过重新设计后，景观设计师在 L 形布局的住宅的四周创建了各式各

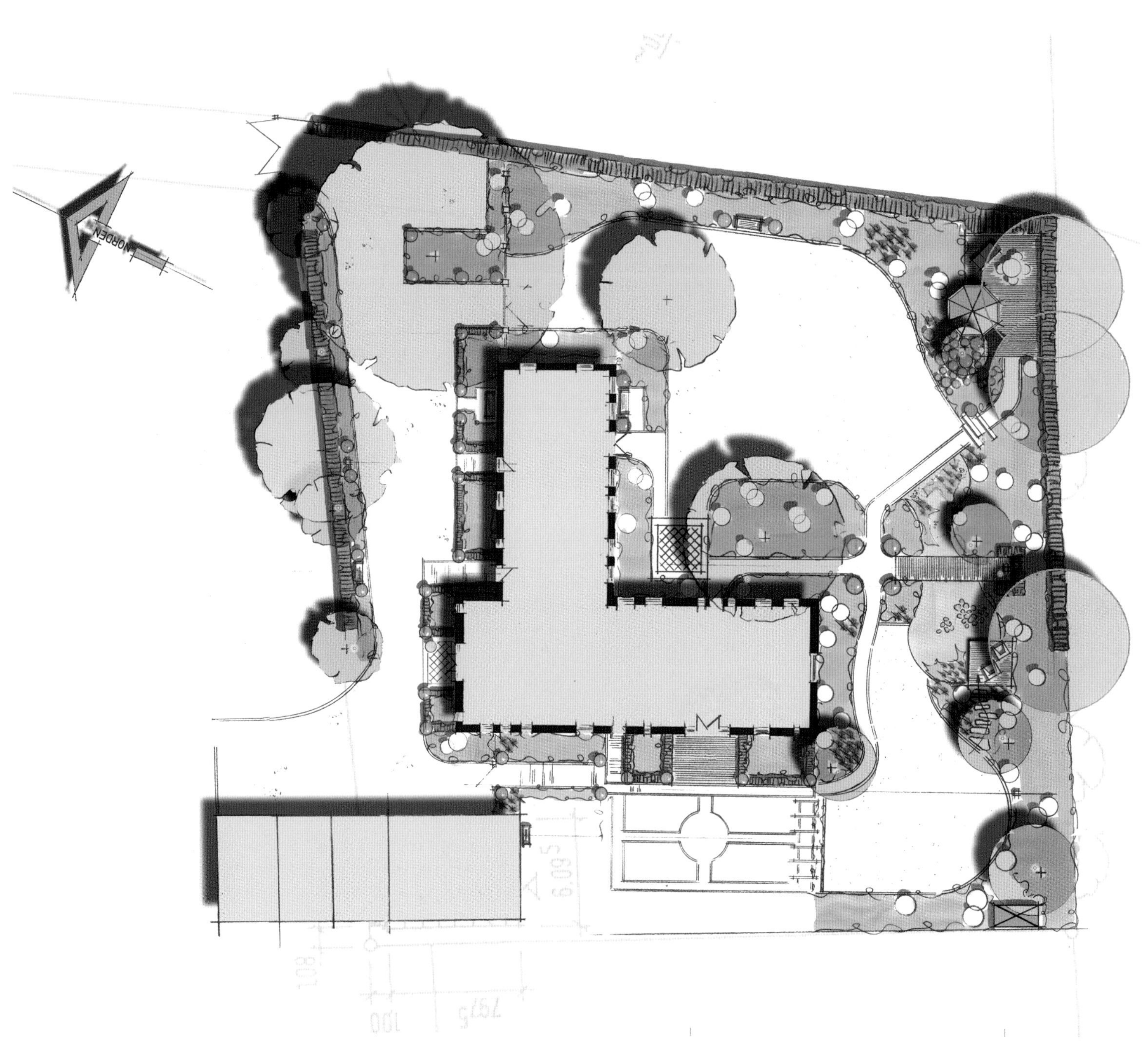

总体平面图

样的花园空间。最终，这里成了一个农庄花园，园内玫瑰争芳斗艳、绿草如茵，果树上硕果累累，四周围绕着低矮的黄杨木篱墙。

在庄园的一角，有一个涂着白漆的茶屋，十分引人注目，人们可以坐在里面观赏附近辽阔的景色。由于布局规划十分合理，无论是在花园区域，还是在修复后的住宅内部，或是在茶屋内和池塘之畔，人们都可以享有独特的景观视野。采用石头铸造的围墙具有典型的当地特色，形成了农庄的边界。

在这个自然气息浓郁的花园内，各种鲜花在不同的季节绽放：黄水仙和杜鹃花在春天竞相开放；热情的玫瑰花在夏日盛开；优雅的紫菀在秋天吐露芬芳。所有鲜花与茂盛的青草一起，成为花园内四季变化的标志。园内原有的一些高大树木也得到了保留，包括古老的苹果树、栗子树、李子树和樱桃树。

泛太平洋花园

Jeffrey Gordon Smith

美国，大阿罗约市
1635 平方米

摄影 / Chris Leschinsky

原始住宅坐落于尼波莫·梅萨高地的广阔农田之中，在这里可以俯瞰连绵的沙丘和浩瀚的太平洋。客户需要一个日式庭院，并在改造后的住宅背面建造一个平台。

凭借着如此令人惊叹的景观，设计师将日式庭院中的一些元素作为设计灵感。受到远处农田图案的启发，平台上的 IPE 硬木板以交替的模式铺放。同时，栽有多肉植物的混凝土花坛也模仿了农作物的排列方式。这些设计为传统的日式庭院增添了现代气息。

高地下面的农场出产鲜切花和红叶莴苣，为回收再利用的红色玻璃火盆和栽植石莲花属植物的花坛提供了灵感。在平台之外，大部分本地植物的栽种方式都呼应了远处沙丘的柔和曲线。

总体平面图

布鲁尔西花园

Janet Rosenberg & Studio

加拿大，多伦多市
722 平方米

摄影 / Jeff McNeill Photography

设计师只是运用了几种材料和简洁明快的建筑线条，就将这个空间转变成一个幽雅清净的室外休闲场所。一座壁炉、一个水景和一个带有伸缩式遮棚的凉亭等元素构成了花园内一系列优美的功能空间。凉亭和壁炉这样的建筑结构是家庭生活的象征，暗示着在家庭环境中，室内和室外空间是同等重要和值得期待的。

整个花园的造型像一个小瀑布，从顶部的石头露台优雅地向下延伸到一个小型的石头露台。底层部分

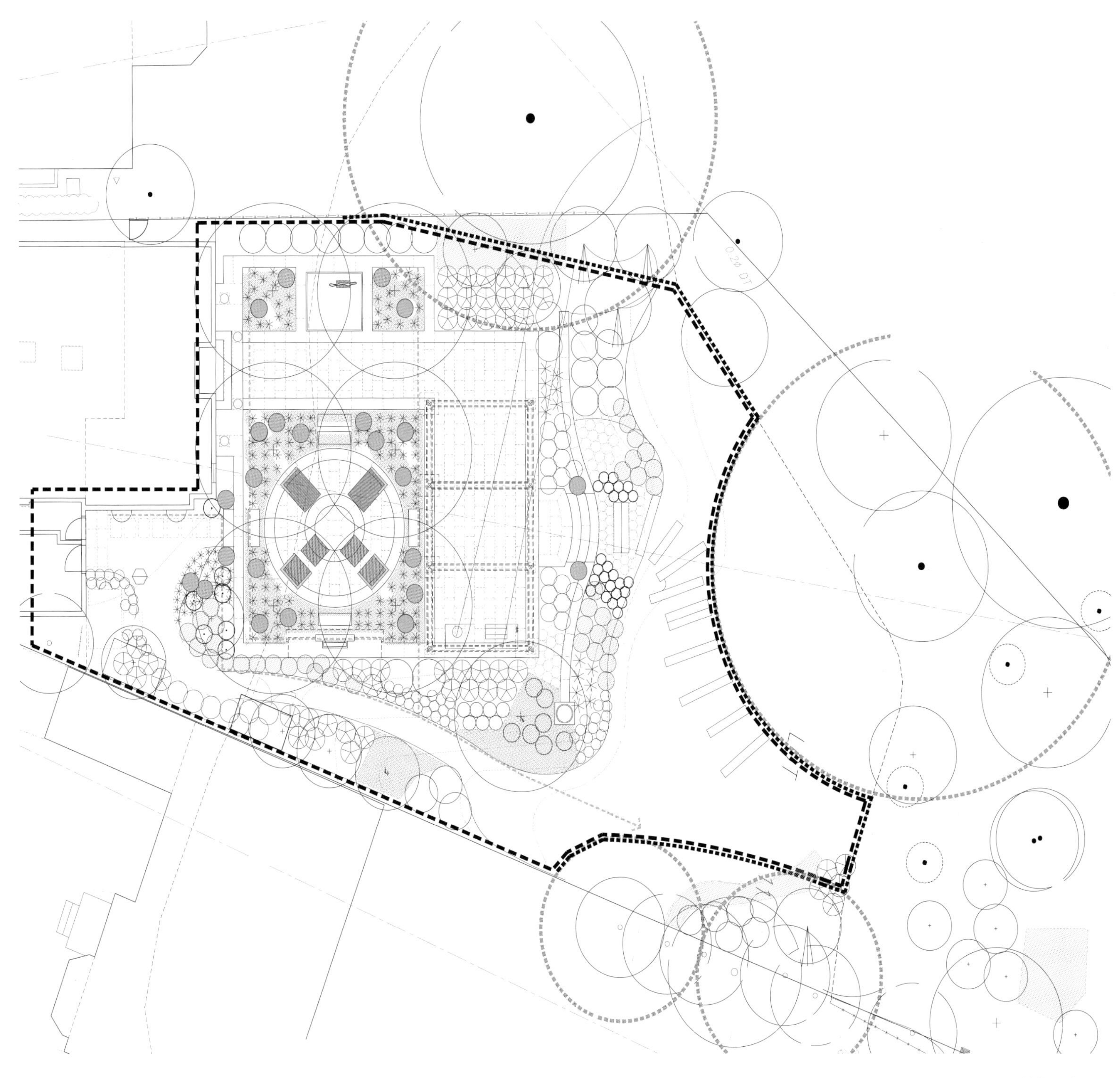

植物分布图

的景观形成了花园空间阶梯式开放序列的末端，这一景观还展现了周围树木的遮荫效果。

值得注意的还有通过喷水设备形成的池塘，其抽象的造型和潺潺的流水与格莱纳戴尔池塘遥相呼应。以此方式，这个池塘既模仿了远处天然池塘的景观和声音，又很好地利用了该地的自然条件和地形特征。

福克西的现代住宅

Bahl GmbH

德国，福克贝克市
1400 平方米

规划 / Sebastian Jensen Hamburg
摄影 / Miquel Tres

住宅刚刚建成时，业主便开始憧憬他们的花园，他们希望花园区域与住宅能够和谐相融。业主搬入这座住宅之后，设计团队花费了一年的时间建造了这座花园。在住宅的附近，用落叶松木制做的桌椅吸引着人们在此休息。引人注目的休闲区域位于花园内较低的位置，配有铝制和木制的家具，还有七棵犹如立柱一样挺拔、树冠被修剪成圆锥形的山毛榉，成为极具魅力的景观。花园的座椅、通道和树篱的

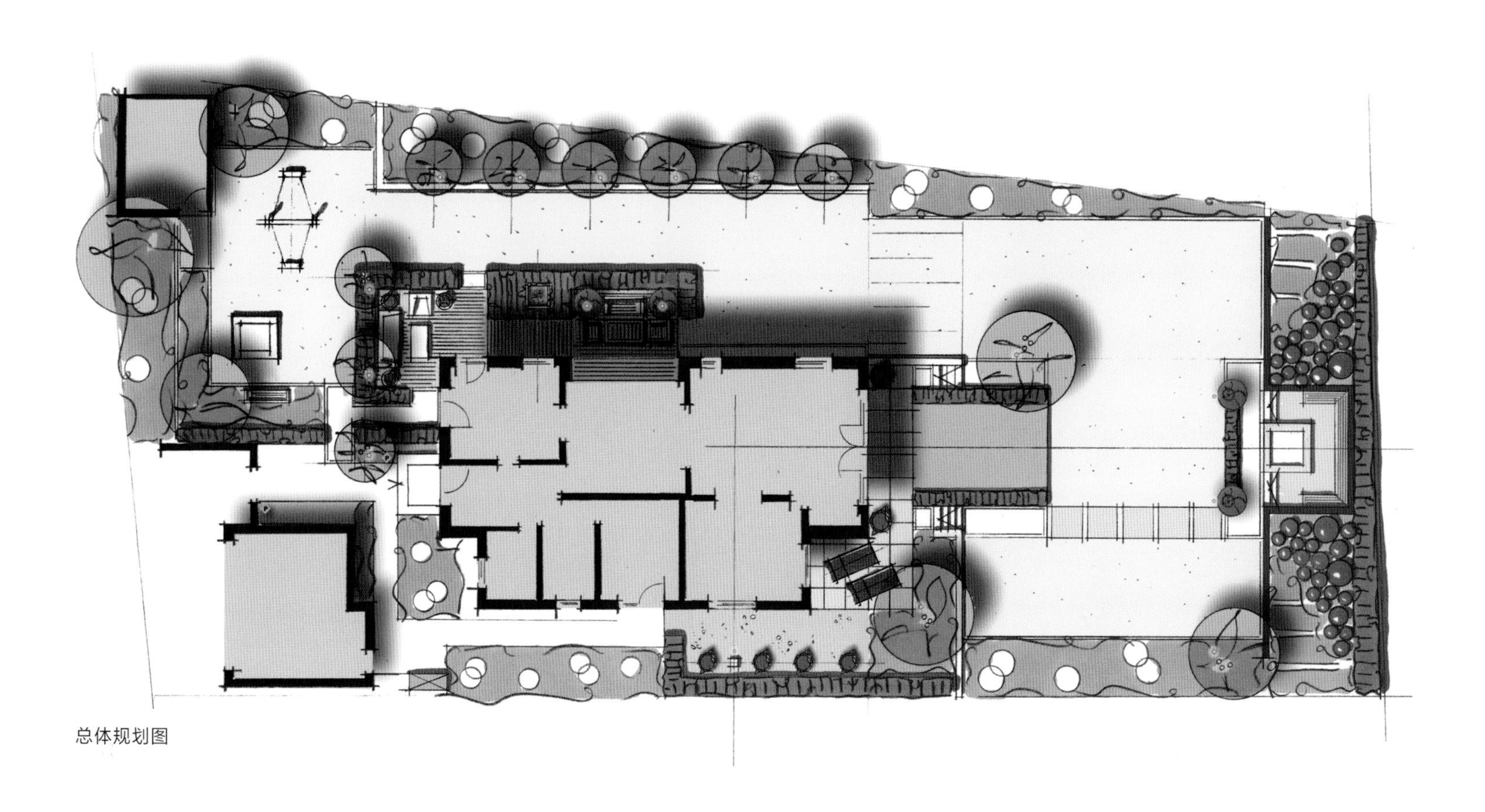

总体规划图

布局及方位都以住宅的轮廓线为基准。因此，这个花园足以满足业主想要过一种隐居式生活的愿望。

春天，园内有盛开的杜鹃花；夏季，满园皆是白色、粉色和紫色的多年生植物和绣球花，它们绚烂的色彩在常绿植物的衬托下格外醒目。业主对于常绿植物更为青睐，因为人们在冬天也可以观赏它们的风姿，从而产生愉悦感。

布切维尔的私家花园

Art & Jardins Conception

加拿大，布切维尔市
5000 平方米
摄影 / Jean-Claude Hurni

当人们来到圣劳伦斯河畔的道路尽头，可以发现这栋完全由石头建造的庞大住宅以及它巨大的木门。这里曾经是一块荒地。在住宅的正面，是一片幽静的开阔地带，笔直的步行入口通道也成为花园的一部分，用石头铺成的车道十分宽阔，这些美丽的石头与建造住宅的石头和谐相衬。

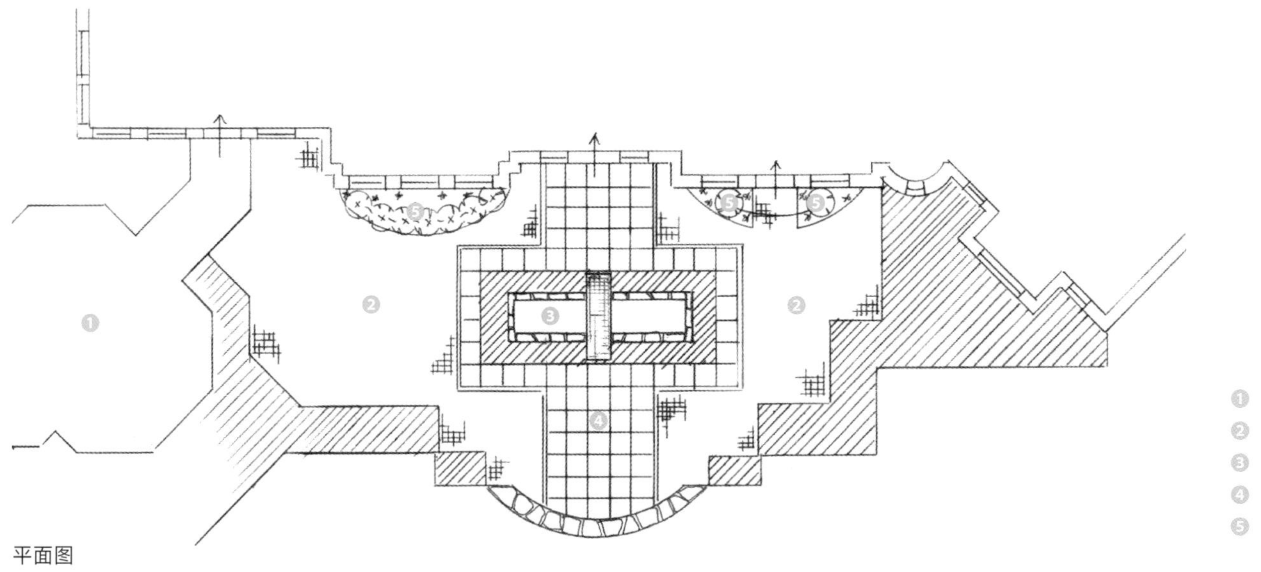

平面图

1. 日光浴室
2. 小径
3. 盆地
4. 石头
5. 黄杨木

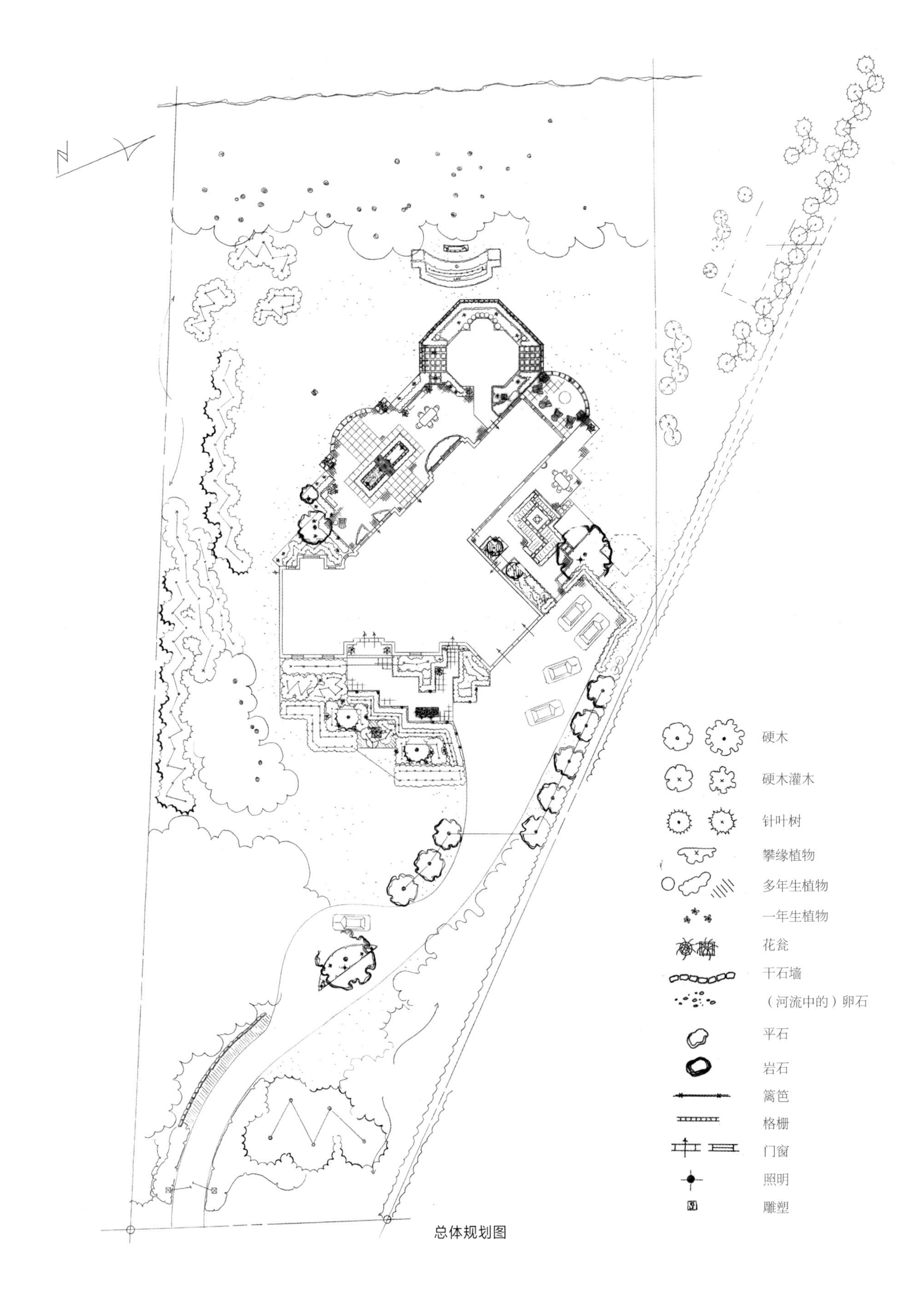

总体规划图

花园内种植了成排的灌木、常绿植物和针叶树木，从而让这里无论冬夏都能焕发出勃勃生机的景象。这些以简单线条形式排列的树木被艳丽的开花植物包围。高大挺拔的云杉和一望无际的绣线菊为整个花园带来了宁静和愉悦的氛围；精挑细选并巧妙布置的装饰物随处可见，吸引着人们的目光。整个花园以精巧的构造和优雅的外观为住宅增添了无限的美感。

水道花园

Atelier Flera

捷克共和国，里赫诺夫镇
1280 平方米

摄影 / Atelier Flera

通过改造，入口空间和花园的前部有一些细微的变化：草坪和原有的灌木及树木被移除，西伯利亚落叶松木做成的木梁则被放置在沟渠中，与砂砾共同构成了住宅周围的步行道。步行道上还装饰了竖立的木梁，这些木梁略微嵌入树篱中，上面嵌有照明设施。植物的色彩在蓝色、白色和奶油色之间奇妙变换。

与入口相邻的斜坡被划分为两个高度不同的层面，并添加了桦木花盆。通道的左侧是木制楼梯，尽头是一扇大门和篱墙。花园中的水景是本来就有的，设计团队只是加宽了露台，以适应全新的餐桌和座椅。

花园主要区域的部分植被经过了一些调整，在现有的鞑靼枫树和灌木丛基础之上，又增加了两种植被——多年生植物和禾本科植物。此外，花园一部分区域还增加了蔓藤架，遮挡了邻居的视线，这里还有一条蜿蜒的小路将这部分区域和花园分隔，并通向核桃树上的树屋和壁炉。沿着步行道还设有一

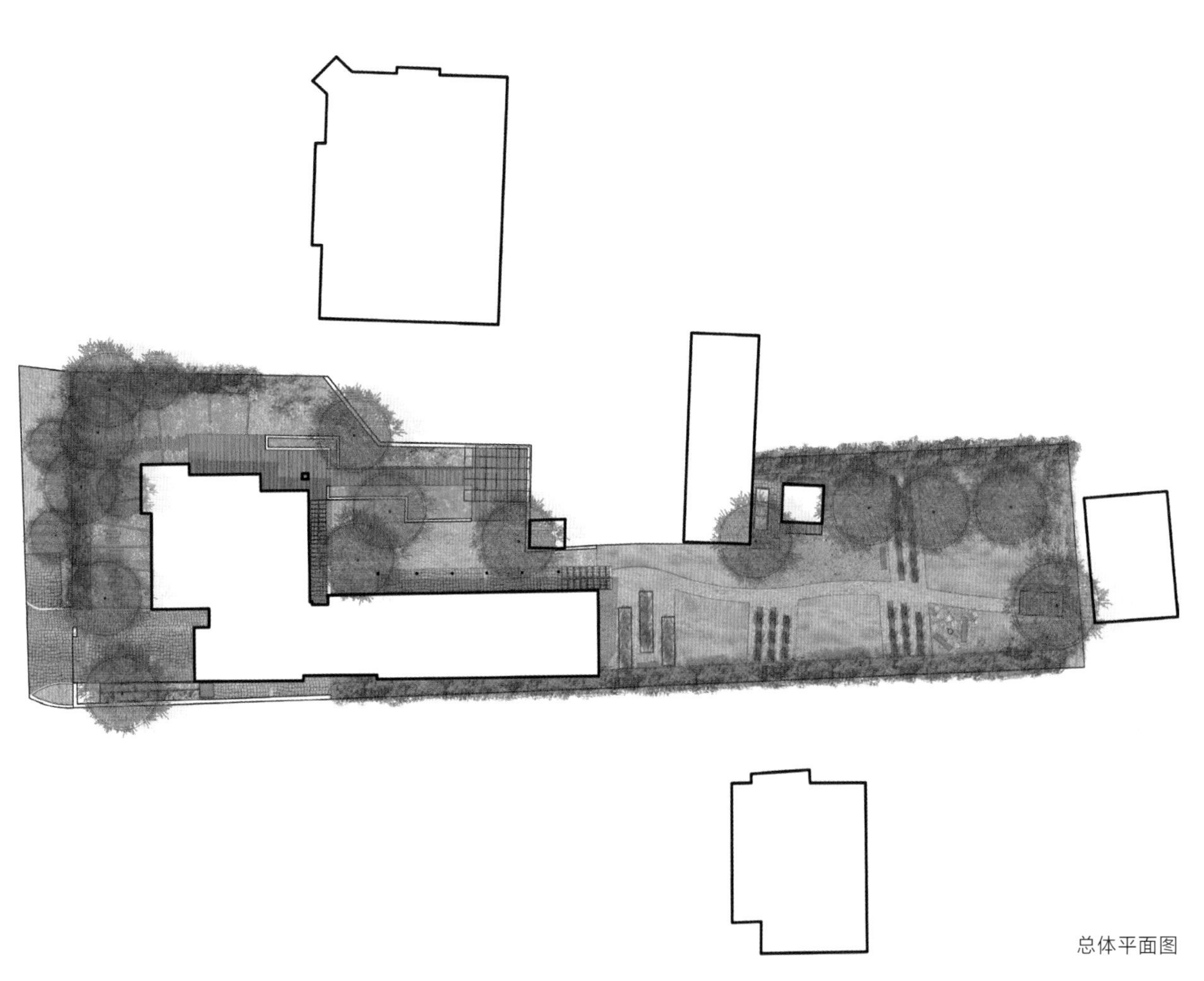
总体平面图

些其他的景观元素，包括三个高高的、并设有长凳的蔬菜苗床，在对面还有一个法式滚球场地和一个花房。道路旁边有一个小型的葡萄园，与捷克花园的传统元素——草地和谐共处。

Index
索引

A. J. Miller Landscape Architecture P072—www.ajmillerla.com, mmiller@ajmillerla.com

Art & Jardins Conception PP040, 056, 142, 172, 228—www.artetjardins.net, info@artetjardins.net

Atelier Flera PP030, 066, 234—www.flera.cz, atelier@flera.cz

Bahl GmbH PP018, 036, 050, 206, 224—www.bahl-gaerten.de, info@bahl-gaerten.de

David Keegan Garden Design P080—www.dkgardendesign.co.uk, info@dkgardendesign.co.uk

Design Focus International PP092, 136—www.designfocus.com, contact@designfocus.com

Erik van Gelder P104—www.erikvangelder.com, info@erikvangelder.com

Ethan McGory P202—www.ethanmcgory.com, gardens@ethanmcgory.com

Guz Architects PP098, 180—www.guzarchitects.com, guz@guzarchitects.com

Jailmake Ltd P150—www.jailmake.com, studio@jailmake.com

Janet Rosenberg & Studio PP024, 124, 218—www.jrstudio.ca, office@jrstudio.ca

Jeffrey Gordon Smith P214—www.jgsdesigns.com

Lotus Design Studio P060—www.lotusdesignstudio.co.uk, info@lotusdesignstudio.co.uk

Lynne Marcus Garden and Landscape Design PP118, 130—www.lynnemarcus.co.uk, gardendesign@lynnemarcus.com

Nicola Spinetto P196—www.nicolaspinetto.com, ns@nicolaspinetto.com

Robert Edson Swain, Inc. PP086, 164, 188—www.robertedsonswain.com, bob@bobswain.com

R. Youngblood & Co. PP012, 112, 158, 184—www.ryoungblood.com, info@ryoungblood.com

图书在版编目（CIP）数据

私家庭院：住宅空间的延伸 /（美）库尔特 · 绍斯(Kurt Schaus) 编；付云伍译 . —桂林 ：广西师范大学出版社，2019.7（2022.3 重印）
ISBN 978-7-5598-1880-5

Ⅰ. ①私… Ⅱ. ①库… ②付… Ⅲ. ①私家园林-庭院-园林设计 Ⅳ. ① TU986.5

中国版本图书馆 CIP 数据核字 (2019) 第 114896 号

私家庭院：住宅空间的延伸
SIJIA TINGYUAN: ZHUZHAI KONGJIAN DE YANSHEN

出 品 人：刘广汉
责任编辑：肖　莉
助理编辑：杨子玉
版式设计：马韵蕾

广西师范大学出版社出版发行
（广西桂林市五里店路 9 号　　邮政编码：541004
网址：http://www.bbtpress.com）
出版人：黄轩庄
全国新华书店经销
销售热线：021-65200318　021-31260822-898
凸版艺彩（东莞）印刷有限公司
（东莞市望牛墩镇朱平沙科技三路　邮政编码：523000）
开本：787mm × 1 092mm　1/12
印张：20 $\frac{2}{3}$　　字数：119 千字
2019 年 7 月第 1 版　　2022 年 3 月第 2 次印刷
定价：256.00 元